제
다
製茶
방
법
에

따
른

차
의

이
해
와

분
류

이 도서의 국립중앙도서관 출판시도서목록(CIP)은
서지정보유통지원시스템(http://seoji.nl.go.kr)과
국가자료공동목록시스템(http://www.nl.go.kr/kolisnet)에서
이용하실 수 있습니다. (CIP제어번호 : 2015032841)

다정의 티 스케치

茶情 **박기봉** 지음

4

차 례

6

제2장 차의 이해와 분류

1. 이 책에 나오는 중국의 지명과 고유명사, 대명사 등은 한글 맞춤법에 따라 중국식 발음을
   적었다.

   杭州 – 항저우   雲南省 – 윈난성   蒙頂山 – 멍띵산
   君山島 – 쥔산다오   楊行吉 – 양싱지   王長成 – 왕창청

2. 중국차의 이름은 우리나라에서 한자음 표기가 익숙하게 사용되기 때문에 한자음 표기로
   사용했으며, 새로운 차가 처음 나올 때, 한문과 함께 중국식 발음을 적었다.

   보이차(普洱茶 푸얼차)   몽정황아(蒙頂黃芽 멍띵황야)   철관음(鐵觀音 티에관인)

3. 차엽(茶葉)은 차나무에 붙어 있을 때는 찻잎으로, 찻잎을 딴 후에는 차엽으로 적었다.

4. 茶자의 발음은 제다(製茶), 다도(茶道), 행다례(行茶禮), 다동(茶童), 다구(茶具)에서는 다(茶)
   로, 그 외는 '차'로 적었다.

Prologue..

이 책은 2003년 3월, 중국의 윈난성(雲南省)을 시작으로 쓰촨성(四川省), 후난성(湖南省), 저장성(浙江省), 장쑤성(江蘇省), 안후이성(安徽省), 푸젠성(福建省)의 차밭을 다니며 기록한 내용을 바탕으로, 그 지역에서 생산되는 차를 통해 제다(製茶)와 차의 분류를 소개한 내용이다.

중국에서 제다를 익히고 돌아온 지 어언 10년의 세월이 흘렀다. 그간 제다와 차의 분류, 차의 품평에 관한 내용을 여러 대학과 차 관련 단체에서 강의 했지만 강의를 시작하고 많은 시간이 지난 지금도, 우리나라 차계에는 제다에 관한 기초가 부족해, 차의 분류를 정확히 이해하는 분이 적다는 생각이 든다. 때문에 중국에서 제다를 익히며, 차의 6대 분류에 해당하는 차를 만들어 보고 익힌 경험을 통해, 차의 분류를 조금 더 쉽게 알리고 싶은 바람이 있었다.

중국에서 공부한 산 경험 덕택에 강의를 통해 지식을 전달하는 데는 큰 어려움이 없었지만, 경험과 지식을 문장으로 표현하는 것은 그리 쉽지 않은 일이었다. 하지만 가슴 속에 끓고 있는 차의 이야기들은 세상 밖으로 나와 소통해야 한다는 간절함이 있어, 부족하나마 한자 한자 적어 보았다.

　이 책은 답사 과정을 알리려는 목적이 아니라 중국에서 익힌 제다를 통해 차의 이해와 분류에 관한 좀 더 깊이 있는 이해를 돕기 위함이다.

　또한 우리나라에서도 차의 6대 분류에 속한 모든 차의 생산이 가능하다는 것을 알리고 싶었고, 보이모차(普洱母茶)와 같은 재료를 수입해, 우리나라에서도 재가공이 가능하다는 것을 보다 구체적으로 쉽게 알리고 싶었다.

　하지만 혹자들은 위의 글에 다음과 같은 의문이 들 수도 있을 것이다.

　우리나라의 찻잎으로 흑차(黑茶)의 생산이 가능하다고? 결론부터 말하면 물론 가능하다고 자신 있게 말할 수 있다.

　요즘 유행하는, 강전차(康磚茶), 금첨차(金尖茶), 복전차(茯磚茶) 등의 흑차를 보면, 보이차(普洱茶)와는 달리 차엽이 노쇠해 있고, 줄기도 많이 들어가 있는 것을 볼 수 있다. 어린 찻잎이 아니라, 우리나라 녹차를 만들 때의 마지막 찻잎인 대작의 수준을 넘어, 티백의 재료 같다는 생각이 드는데, 바로 그 찻잎으로 녹차가 아니라 흑차를 만들면 반드시 그 향미가 생긴다. 물론 차의 향미와 농도는 품종과 토양에 큰 영향을 받기 때문에, 중국차들과 비교해 같을 수는 없지만, 차나무는 카멜리아 시넨시스(Camellia sinensis)라는 하나의 종(種)이므로, 같은 방법으로 만든다면 농도의 차이는 있을 수 있지만 특별히 다르지 않다.

　본문에서는 여행기의 형식위에 위 내용들을 엮었다. 다소 지루하고 어려울 수 있는, 제다와 차의 분류를 조금 가볍게 접할 수 있을 것이라 생각하며 2장 차의 이해와 분류에서는 6대 차의 개념을 상세히 적었다. 조금씩 책 속으로 들어가다 보면 어느듯 넓고도 깊은 차의 세계에 젖어들 것이다.

차를 찾아 떠나는 길

윈난성雲南省

보이차의 이해

雲南省 Yunnan

중국의 남서부 서남지구에 속하며 미얀마, 베트남, 라오스와 국경을 접하고 있다. 약칭으로 云이라 한다.

또한 춘추전국시대, 전(滇 뎬)에 속했기 때문에 약칭을 滇이라 부르기도 하며, 윈난 홍차인 전홍(滇紅 뎬홍)을 부를 때에도 사용된다.

성의 중심도시 성후이(省會)는 쿤밍(昆明)이다. 쿤밍은 연중 최저기온이 7℃, 최고 기온이 25℃로 사계절이 봄과 같다하여 춘성(春城)이라고도 불린다.

윈난성의 주요 관광지는 쿤밍의 시린(石林)을 비롯해 열대의 시솽반나(西雙版納)와 지금은 행정구역명이 샤관(下關)으로 바뀐 따리(大理) 고성(古城)과 얼하이(洱海), 세계문화유산 리장(麗江) 고성과 해발 5500m인 위룽쉐산(玉龍雪山)과 세계에서 가장 깊은 협곡중의 하나인 후탸오샤(虎跳峽) 등이 있다.

차의 도시
봄의 도시
쿤밍昆明의 아침

2003년 3월 16일.

봄의 도시, 꽃의 도시, 3월 중순 쿤밍의 아침.

일어나 창밖을 보니 자전거를 타고 출근하는 시민들의 모습이 정겹게 보였다. 세면과 간단한 식사를 마치고 카메라를 챙기고 있을 때, 호텔 로비라며 양싱지(楊行吉) 선생으로부터 전화가 왔다.

양 선생은 일찍이 안후이 농대 차학과(安徽 農大 茶學科)를 졸업하고 안후이성(安徽省)의 여러 차창(茶廠)에서 홍차(紅茶)를 만드는 공정사(工程事 전 공정을 총괄하는 엔지니어)를 하셨고, 윈난성으로 이주한 후 줄곧 보이차(普洱茶 푸얼차)를 만들어 온 중국 보이차계를 이끄는 명인들 중 대표적인 한 분이다.

중국의 여러 차창에서 제다(製茶 차 만드는 과정) 공부를 시작한 이후, 의문이 생길 때, 정확하고 친절하게 대답해 주는 사람이 없었는데, 양 선생께서는 처음으로 나의 물음에 정확하게 대답과 지도를 해 주신 분이다. 그후, 양 선생의 배려로 보이차의 세계에 조금씩 발을 넓힐 수 있었다.

나보다 몇 살 아래인 양 선생의 아들 쇼양(小楊)이 함께 나왔다. 선생님의 차창으로 가는 길에 한국에서 준비해온 홍삼을 선물로 드리니, 고려홍삼에 대해 잘 알고 계신 터라 무척 고마워하셨다.

선생님의 차창에서 보이차에 관한 이야기를 나누었다. 건창(乾倉)과 습창(濕倉)[1]에 관한 이야기며, 보이청차(普洱青茶)와 보이숙차(普洱熟茶)[2] 에 관한 이야기, 예전에는 보이차를 만드는 과정 중 살청(殺青)[3]을 할 때 증청(蒸青)[4]은 거의 없었다는 것과, 홍콩과 타이완의 상인들이 보이차의 제다 과정을 제대로 알고 있는 사람이 드물다는 안타까운 현실도 이야기해 주셨다.

양 선생께 중국에 다시 온 목적이 그동안 배우고 익힌 중국차의 제다를 정리해야 될 것 같아, 먼저 원난성부터 들렀다고 말씀 드렸다. 그리고 멍하이(勐海 보이차의 최대 생산지)에 가서 교목(喬木) 차나무의 생태와 채엽(採葉 찻잎 따기) 과정을 카메라에 상세히 담고 싶다고 말씀 드리니, 1,700년 된 차왕수(茶王樹)가 있는 빠다산(巴達山)과 재배형 교목(栽培形 喬木) 차나무

---

1) 건창(乾倉) : 습창과 구별하기 위한 용어며, 보이차의 일반적인 보관방법.
　습창(濕倉) : 오래된 것처럼 보이기 위해 습기가 많은 곳에 보관한 보이차.
2) 보이청차(普洱青茶): 쇄청모차를 원료로 만든 보이차. 보이생차라고도 부른다.
　보이숙차(普洱熟茶): 쇄청모차를 원료로 미생물 발효한 보이차.
3) 산화효소의 활동을 중단 시키는 열처리 공정, 우리나라에서는 덖음솥을 많이 이용한다.
4) 산화 효소의 활동을 중단 시키는 공정을 덖음 방법이 아니라 수증기로 찌는 방법.

군락지 징마이(景邁), 그리고 야생 교목(野生 喬木) 차나무 군락지인 이우(易武)에도 다녀오라고 말씀을 하셨다. 내가 보이차 생산지역 어디를 다녔고 어떻게 공부했는지 잘 아시는 양 선생께서 징마이와 이우에 가서 비교를 해보라고 하실 때는 그만한 이유가 있을 것이라 짐작했다.

그래서, 징마이와 이우에서 생산되는 보이차의 차이에 대해 여쭈어 보니, 빙그레 웃으시며 다녀와서 다시 이야기하자며 답을 미루셨다. 그리고 멍하이에 정착 중인 지인께 바로 연락을 해 주셨다. 목소리가 크신 양 선생께서 그분께 신신당부를 하셨다. 나를 혼자 보내는 각별하신 염려가 전화 음성에 고스란히 담겨있었다.

잠시 후 선생님의 차창 여기저기를 둘러보았다. 구석구석 잘 알고 있는 곳인데도 새롭기만 했다. 차창의 직원들은 내가 사진 촬영을 하니, 고맙게도 동작을 멈추는 수고스러움을 아끼지 않았다. 그렇게 사진 촬영을 마친 후 간단하게 점심을 먹고 차 도매 시장으로 향했다.

긴압차緊壓茶 만드는 과정

01

02

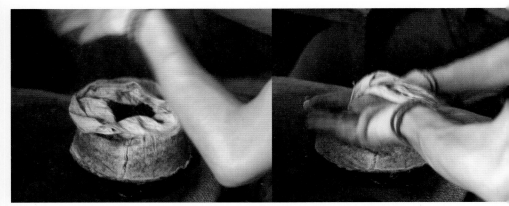

03

04

05

01 긴압(緊壓) 할 차를 계량
02 계량된 차에 스팀 쐬기
03 스팀을 충분히 쐬야 긴압을 할 때 차엽이 부숴
   지지 않는다.
04 스팀을 쐬어 눅눅해진 차를 자루에 담고 프레
   스 할 준비
05 프레스로 눌러 병차의 모양이 생겼다.

일교차가 커서 낮엔 무척 더웠다. 내 복장은 아직 이른 봄을 벗어나지 못했지만 반팔 차림의 행인들을 보며 여름을 느낄 수 있었다. 일교차 때문에 무리가 온 듯, '감기에 걸리면 안 돼!' 라는 몸의 소리가 들려왔다.

일요일이라 그런지 차 도매 시장은 평소 같지 않게 한산했다. 눈길을 사로잡는 모습을 카메라에 담았고, 몇 번씩 방문하여 안면이 있는 상점의 주인이 눈웃음을 지을 때 나도 같이 즐거운 미소로 인사를 했다.

차마고도(茶馬古道)[5]의 역참(驛站)을 설명하며, 쉬었다 가라는 상점 주인의 친절한 미소도 인상적이었다.

다음날 멍하이로 떠나야 하기에 우선 비행기 표를 예약했다. 다녀야 할 곳이 많아 장거리 버스 보다는 비행기로 이동해야 했다.

저녁식사는 고등학교 선배가 운영하는 한식당 '한강(漢江)'에서 했다. 2000년 우연한 기회에 양 선생을 처음 뵈었을 때, 중국음식에 익숙하지 못한 나를 위해, 쿤밍에도 한식당이 생겼다며 데리고 간 곳이 뜻밖에도 고등학교 선배가 운영하는 '한강'이었다. 그 후 쿤밍에 오면 선배로부터 도움을 받곤 했다. 오랜만에 만난 선배와 고향 이야기를 비롯하여 중국의 변화를 이야기 했고, 모처럼 학창시절의 영웅담에 고등학생이 된 기분을 느끼며 호텔로 돌아왔다.

5) 차마고도 : 중국의 변방 특히 티베트로 운송했던 차 무역 길.
　　차마무역 : 윈난성의 보이차, 쓰촨성의 사천변차, 후난성의 호남긴압차 등과 티베트의 말과 교
　　　　　환했던 무역

열대의
차 나 무 를 찾 아 서

일어나 온도계를 보니 12℃를 가리켰다. 전날 낮 기온은 25℃나 되었는
데 아침 기온은 제법 쌀쌀했다. 호텔을 나오며, 약국에 들러 종합비타민을
한 병 샀다. 중국을 여행할 때 음식이 익숙하지 않아 굶을 때가 많았고, 영
양실조인 듯 손바닥의 껍질이 벗겨지곤 했었는데, 비타민을 복용하며 다
니고부터는 그런 일이 별로 없었다.

선배의 식당에 짐을 맡기고 출발 준비를 하는데, 형수께서 바쁘신 와중
에도 간단히 식사를 하라며 김밥을 말아주셨다. 내일부터 며칠은 오지로
만 다녀야 하는데 이 김밥을 가져갈 수만 있다면…, 잠시 생각하다 선배의
식당을 나와 쿤밍(昆明) 공항으로 갔다.

11시 50분 쿤밍 출발, 시쑹반나(西雙版納)⁶⁾ 행 MV 4462R.

---

6) 윈난성 남부에 있는 타이주(傣族) 자치 지역인 징훙을 중심으로 한 일대

요금은 520元[7], 공항 이용료 50콰이를 합해 570콰이였다.

윈난성(雲南省)은 세계문화유산 리장(麗江), 따리(大理) 등 유명 관광지가 많아, 성(省)의 제원을 관광수입에 큰 비중을 두기 때문인지, 성후이(省會 성의 중심도시) 쿤밍에서 다른 성으로 가는 비행기 표는 연중 할인을 한다. 하지만 안타깝게도 성 안의 도시는 할인을 하지 않았다. 비행기는 제 시간에 이륙했고 10분쯤 지나자 기체가 몹시 흔들려 식은땀이 났다. 이륙한지 40분 만에 열대의 이국적인 도시, 물의 도시, 나에게는 차의 도시인 시솽반나의 징홍(景洪)에 도착했다. 버스를 타면 예전에는 24시간 이상이 소요됐지만, 현재는 터널과 다리를 새롭게 놓고 고속도로를 건설해 16시간 정도 소요된다.

낯익은 거리, 야자나무 가로수가 열대의 풍취를 물씬 풍겼다. 그곳은 벌써 여름이었다. 비행장을 빠져나오기 전에 반소매의 윗옷을 갈아입었는데도 무거운 짐 때문에 땀이 마구 흘렀다. 징홍에서 지체할 시간도 없이 멍하이(勐海)로 가기 위해 버스 정류장으로 향했다. 1시 40분 멍하이행 버스를 탔다. 징홍에서 멍하이까지는, 1시간 30분 정도 소요되니 3시경 멍하이에 도착할 줄 알았는데, 재배형 교목(栽培形 喬木)의 차왕수(茶王樹)가 있는 난뤄산(南糯山) 근처에서 앞서가던 차가 사고를 내어, 30분 정도 늦어져 오후 3시 30분에 도착했다. 2년 만에 다시 방문한 멍하이. 타이주(傣族) 특유의 몸에 꽉 끼는 긴치마를 입은 여인들이 눈에 띄었고, 태양의 열기는 뜨거웠다.

양 선생께서 소개해준 쑈(蕭) 선생 댁에 전화를 하니, 그는 잠시 외출 중이었고, 그의 부인이 대신 마중을 나왔다. 그의 집에 도착해 차를 마시고

7) 중국에서 돈을 이야기 할 때 元(위안)이라고 적지만 생활에서는 塊(콰이)라고 말한다.

26

있으니, 다부진 모습의 쑈 선생이 귀가를 했다. 양 선생으로부터 이야기를 들었다면서 안내를 원하는 코스를 궁금해 했다. 징마이(景邁)와 빠다산(巴達山)을 안내해 달라고 하니 거리가 만만치 않다고 했다. 나도 대충 알고 있다며, 후이민(惠民)까지 갔다가 우기라서 징마이로는 진입을 못하고 두 번이나 돌아온 이야기를 들려주니, 웃으며 보통 집념의 사나이가 아니라고 했다.

저녁을 먹으며 쑈 선생께 그 지방 사람이냐고 물어보니, 그는 꾸이조우성(貴州省) 출신인데 군 생활을 그 지역에서 했고, 결혼을 해 그곳에 눌러 살게 된 것이 20년 정도 되었다고 했다. 그는 개인들이 생산하는 보이모차(普洱母茶 푸얼무차)[8]를 수매해 큰 차창(茶工場)에 팔거나, 쿤밍의 차 도매시장에 내다 파는 일을 한다고 했다. 그리고 양 선생께 도움을 많이 받고 있다면서, 양 선생의 부탁이니 어려워하지 말고 편히 지내라는 말을 덧붙였다.

그리고 친한 동생의 트럭을 이야기해 놓았으니 밤 12시경 출발 하자고 했다. 자신도 차 수매를 해야 하므로 많은 시간은 낼 수 없다고 하며, 잠시라도 쉴 것을 권했다.

---

8) 보이차를 만들기 위해 1차 가공을 마친 차

재배형 교목의
군락지 징마이(景邁)

그렇게 그의 집에서 잠시 잠이 들었는데, 밤 12시가 조금 넘어서 그가 출발을 하자며 나를 깨웠다. 중국 사람들의 성격을 한 마디로 표현할 때, '만만디(慢慢的)'라고 하여 느리다는 표현을 하는데, 그것은 겉만 보고 하는 말이며, 만만디 속에는 '철저히'라는 뜻이 숨겨져 있다는 것을 알아야 한다. 그렇지만 그렇게 급하게 움직이는 사람은 내가 만난 중국인 중에서는 쑈 선생이 처음이었다.

정신을 차리고 밖으로 나오니, 주위에는 희미한 불빛조차도 없는 어둠이었다. 그의 친구는 트럭을 손보고 그는 준비상황을 점검했다. 우리나라 대우자동차의 소형 트럭인 라보 모양의 차를 그의 친구가 운전했고 그는 앞좌석에 나는 뒷좌석에 앉았다.

고물차가 30~40km의 속력으로 시골길을 달렸다. 멍하이를 출발한지 3시간, 새벽 4시에 멍완(勐滿)에 도착하니 잠시 쉬어 가자고 했다. 자동차 안에서 세 시간 정도 눈을 붙였고, 아침 7시가 되어 근처에서 간단히 아침을 먹고 다시 징마이로 향했다.

후이민 차창과 주변의 차밭. 차밭이 끝없이 펼쳐져 있었다.

잠시 후 후이민(惠民)을 지났다. 후이민을 지나고부터는 비포장이어서 길이 아주 험했다. 드문드문 자동차가 교차할 때마다 비포장 산길의 먼지가 눈앞을 가렸다. 얼마 전 도로를 정비한 것 같았지만, 역시 '우기에는 진입을 하기가 어렵겠구나!' 하는 생각이 들었다. 그렇게 산과 계곡을 넘

01

02

03

01 징마이 고차 산장의 망껑차창
깊은 산 속에 제법 규모가 있는 차창이
있다는 것이 놀라웠다.

02 재배형 교목 차나무 위에서 채엽하는 뿌랑
주(布朗族)의 아주머니

03 보이 모차를 햇볕에 건조하는 모습

04 징마이의 최고령 차나무

04

고 넘어 오전 11시가 다 되어서야, 쿤밍의 차 상인들이 최고의 보이차 중 하나로 이야기하는, 재배형 교목 고차수(古茶樹)의 군락지로 유명한 징마이에 도착했다.

'그곳 징마이는 야생 교목 차나무의 군락이 아니라, 재배형 교목 차나무의 군락지인데, 왜 그곳의 차를 최고라고 이야기할까?' 라는 의문을 가지며 고차산장(古茶山庄) 주위의 차밭을 둘러보았다. 차밭은 그리 넓지 않았고 차나무는 곡관형(曲管形 곧은 형태가 아니라 휘어져 있는 형태)의 전형적인 재배형 교목의 형태를 하고 있었다. 차나무의 수령은 그렇게 오래된 것 같아 보이지 않았다.

마을에는 작은 규모의 차창이 있었고 쇄건(晒乾 햇볕에 건조) 하는 모습이 보였다. 그곳의 차창에서 나는 말이 통하지 않았다. 워낙 오지라서, 그곳의 사람들은 푸퉁화(普通話)라고 하는 표준어를 사용하는 것이 아니라, 그 지역 소수민족의 언어를 사용했기 때문이다. 쑈 선생도 푸퉁화 발음이 그렇게 좋지는 않지만, 통역을 해서 내게 설명을 해주었다. 그런데 그곳 모차(母茶) 가격이 일반적인 모차 가격보다 세배 정도 비쌌다. 쑈 선생은 모차의 중개인이라 그런지 가격문제를 놓고 그들과 많은 대화를 했다.

잠시 후 다시 산을 올라가니, 징마이 사람들이 차왕수로 모신다는 최고령의 차나무가 보였다.

그곳에 도착하니 이미 차나무에 제사를 지낸 흔적이 남아 있었다. 하기야 2월에 찻잎 따기를 시작하니, 일찍 온 것은 아니었다. 그곳의 차왕수는 수령이 800년이나 되었다는, 재배형 교목의 최고령 고차수인 난뤄산의 차왕수보다 조금 작았으며, 재배형 교목의 전형적인 모습이었다. 그곳 차왕수를 촬영하고 쑈 선생이 안내하는 대로 또 산을 올랐다.

재배형 교목 차나무에서 채엽하는 아주머니의 미소가 일품이었다.

　잠시 후 눈앞에 펼쳐진 광경은 재배형 교목 차나무의 군락이었다. 사진에서 보았던 모습보다 더 많은 고차수가 있었으며, 키가 3~4m는 족히 되어 보이는 차나무 위에 올라가 차를 따는 뿌랑주(布朗族)의 아주머니가 보였다. 높은 나무위에 올라가 찻잎을 따는 것이 힘들지 않으냐고 물어보니 알아듣지를 못했다. 다시 쑈 선생이 그 지방의 언어로 뭔가를 이야기하니 아주머니가 나를 쳐다보았다. 쑈 선생에게 무슨 말을 했는지 물어보니 사진 촬영을 하니 폼 좀 잡으라고 전했다고 했다. 열심히 카메라의 셔터를 누르다 옆쪽을 보니, 나는 서 있기도 힘든 경사진 언덕에서 차잎을 따는 사람들도 보였다.

　사진 촬영을 하며 차나무와 찻잎을 유심히 살폈다. 그렇지만 무엇 때문에 그곳의 차를 최고라고 하는지 알 수 없었다. 쑈 선생은 그곳에서 많은 시간을 지체했으니 징마이 산장으로 가서 점심 식사를 하자고 했다.

징마이 산장이 있는 마을 중심에는 남방불교(南方佛敎)⁹⁾의 사원이 있었다. 산장의 할머니와 함께 사원에 참배를 올리고, 늦은 점심을 먹었다. 식사를 하며 보이차의 여러 부분을 다시 생각했다.

교목(喬木)과 관목(灌木), 쇄건(曬乾)과 홍건(烘乾), 생차(生茶)와 숙차(熟茶), 건창(乾倉)과 습창(濕倉) 등, 아직도 우리나라에서는 보이차를 이야기할 때 세월의 장단(長短 언제 만들어 졌으며 몇 년이나 되었다)이 가장 중요한 것처럼 이야기하는데, 이 모든 부분들을 비교해 제대로 된 품질 평가를 어떻게 설명해야 할까?

그곳에서는 긴압차(緊壓茶)¹⁰⁾는 만들지 않고 산차(散茶)¹¹⁾상태의 모차만 생산했기 때문에 다소 적은 양의 산차를 구입했고, 오후 5시경 징마이를 떠나 멍즈(勐遮)로 향했다.

멍즈로 가는 길, 노을과 어우러진 차밭은 원근을 알 수 없는 한편의 풍경화 같았고, 우리 일행은 석양을 뒤로 한 채 쉬지 않고 달려 밤 10시쯤 멍즈에 도착했다. 다음날 빠다산으로 가기 위해 무리한 일정을 소화한 탓인지, 심한 피곤이 몰려왔다. 사회주의 공동분배의 습관이 남아 있어 그런지 많은 중국인들은 쑈 선생처럼 하루에 그렇게 많은 일을 하지 않는 것으로 알고 있는데, 쑈 선생은 역시 군인 출신답게 강인한 정신과 체력의 소유자인 듯 했다. 노트북에 촬영한 사진도 옮겨야 하고 충전도 해야 하는데 눈이 저절로 감겼다.

---

9) 스리랑카, 미얀마, 태국, 라오스, 캄보디아 등에서 행하여지고 있는 불교
   중국, 한국, 일본 등에 전해진 불교는 북방불교.
10) 돌덩이나 프레스로 눌러 떡이나 벽돌처럼 덩이 형태로 뭉쳐 놓은 완성차
11) 여기서의 산차는 덩이를 만들기 전의 완성되지 않은 흐트러진 상태

빠다산 巴達山
1,700년 차왕수

아침 7시에 빠다산으로 떠날 예정이었지만 지난 시간의 빠듯한 일정 탓에 모두 늦잠을 잤다. 간단히 아침을 먹고, 그날은 쑈 선생이 운전을 했다. 비포장 산길을 2시간가량 달린 후 해발 1,500m 지점에서 멍하이차창 빠다지띠(勐海茶廠 色达基地)라고 쓰인 표지판을 만났다. 주변은 멍하이차창의 명성에 걸맞게 차밭은 끝없이 펼쳐져 있었다.

쑈 선생은 군대시절 3년간 그곳에서 근무 했다고 하며 고향에 온 것처럼 즐거워했다. 그곳에 있는 그의 친구 집에 들러 간단히 점심을 먹고 12시가 다 되어 빠다산 입구에 도착했다.

쑈 선생은 1,700년 된 차왕수가 있는 곳까지 가려면 2시간 정도 걸어서 산을 올라가야 한다고 겁을 주었는데, 험한 산길을 익숙하게 트럭을 몰고 올라갔다. 지프면 모를까 좀 무리하는 것 같다는 생각이 들었지만 지친 나는 아무 말 없이 앉아 있었다. 더 이상 차가 오를 수 없는 곳까지 올라와서

멍하이차창 빠다지띠의 표시와 차밭

발걸음을 재촉해 좁은 산길을 오르니, 1,700년이나 되었다는 차왕수(茶王樹)가 장나무와 함께 웅장하게 서 있었다. 몇 해 전 쓰마오(思茅)지역의 첸쟈짜이(千家寨)에서 발견된 2,700년 된 차나무가 세계 최고령 차나무로 공식 인정되기 전까지는 빠다산의 고차수(古茶樹)가 가장 오래된 차나무였다. 밑둥치의 둘레는 320cm 정도, 큰 줄기에서 갈라진 둥치는 120cm~150cm 정도고, 키가 얼마나 큰지 높이는 가늠하기 어려웠으며 약 20m 가량 되어 보였다.

주위에는 야생 교목 차나무의 군락은 형성되어 있지 않았고, 차를 사랑하는 중국인들 답지 않게 관리는 매우 허술했다.

01 빠다산 1700년 된 차왕수
02 밑둥치는 셋에서 넷으로 나뉘어져 있었다.
03 차왕수의 아래에서 위로 바라보니 높이를 가늠하기 어려웠다.

잠시 생각에 잠겼다. 빠다산의 차왕수는 너무나 유명하기 때문에 답사를 오기는 했지만, 야생 교목 차나무의 군락은 작년 보이차 제다를 실습했던, 린창(臨滄)지역의 미얀마 국경 부근인 쩐캉(鎭康)이 훨씬 더 많았다. 쩐캉은 빠다산 보다 더 오지라서, 야생 교목 차나무 길들이기를(P.48 참고) 모를 뿐만 아니라, 야생의 차나무들을 베어 땔감으로 사용하는 모습도 보았다. 그곳에 비하면 빠다산은 1,700년 된 차왕수를 빼면 야생 교목 차나무의 군락으로써는 큰 의미가 없음을 알 수 있었다.

아직도 한국에서는 야생 교목 찻잎으로 만든 보이차가 최상으로 알고 있는 사람들이 많은데, 야생 차나무라는 것을 어떻게 설명해야 할까?

산이나 들에서 저절로 나서 자란 생물을 야생이라고 한다. 인위적이지 않다는 말이다. 그런데 찻잎을 채엽하기 위해서는 인위적이어야 하기 때문에 야생차라는 용어의 사용은 신중해야 한다. 차를 만들기 위해서는 차나무를 전지(剪枝)해서 새로 올라오는 찻잎을 따든지, 재배형 교목 차나무처럼 새로 올라오는 찻잎을 계속해서 따 주어야 한다. 그리고 야생 교목은 둥치를 쳐서 재배의 형태를 관목처럼 바꾼 후, 새로 올라오는 찻잎을 채엽해야 차를 만들 수 있다.

위의 세 가지 방법(전지, 쏙아 주기, 재배의 형태 바꾸기) 중 하나를 택하지 않았을 경우 찻잎은, 아래의 사진처럼 동백나무 같은 상태로 자란다. 다시 말해 계속해서 관리를 해 주어야 차를 만들 수 있는 찻잎을 채엽할 수 있다.

야생 교목 찻잎의 모양과 생태를 파악하기 위해, 차왕수의 작은 가지를 하나 꺾어 촬영에 열중했다. 찻잎 크기만 한 땀방울이 뚝뚝 떨어졌다. 그때 쑈 선생의 운전사 친구가 대나무를 잘라 어디서 떠왔는지, 차가운 물을 떠와 땀 좀 식히고 찻잎을 관찰하라고 했다. 죽통(竹筒)의 물맛은 심한 갈증 때문에 정말 꿀맛이었다.

　　잠시 후 쑈 선생은 곧 비가 올 것 같으니, 빨리 촬영을 마치고 산을 내려가자고 했다. 윈난성의 남쪽지역은 위도가 22° 정도의 열대 습윤 기후에 속하는 지역이라 맑은 하늘이 보이다가도 갑자기 비가 내리는 스콜 현상이 있는 곳이다. 그들의 예측이 정확함을 경험으로 잘 알기에 서둘러 사진 촬

영을 마치고 산을 내려오는데 아니나 다를까 소나기를 만났다. 우리는 야자수 잎을 머리에 인 채 20분 정도 비를 피해 서 있어야 했다.

비가 그쳐 다시 산을 내려왔다. 쑈 선생은 멍즈까지 가면 그곳에서부터 멍하이로 가는 길이 나쁘지 않으니 멍하이에 가서 저녁 식사를 하자고 했다. 빠다산에서 내려와 3시간 30분이 걸려 오후 7시쯤 멍하이에 도착했다.

모두 지쳐 보였다. 저녁식사를 하고 쑈 선생에게 멍하이차창에 아는 사람과 연결이 되면 혹시 견학을 할 수 있는지 알아봐 달라는 부탁을 하고 헤어졌다.

차왕수 새순의 형태, 야생 상태의 찻잎은 동백나무처럼 자란다.

보이차의 전설

이우 易武

8시에 일어나 쑈 선생에게 전화를 하니 멍하이차창의 직원과 연결이 되지 않는 모양이었다. 멍하이차창은 몇 해 전, 견학을 충분히 한 적이 있었다. 하지만 작업장의 사진은 찍지 못하게 해서 내부의 사진이 없기 때문에, 혹시나 해서 쑈 선생에게 부탁을 한 것인데... 쑈 선생에게 11시쯤 만나자는 전화를 하고 무작정 차창으로 향했다.

사무실로 가기가 망설여져서 혹시나 하는 기대 반으로 발걸음을 바로 차창으로 옮겼다. 차창에는 직원들이 집단으로 거주하는 시설이 있어서 차창 정문을 통과하는 데는 문제가 없지만, 허락을 받지 않고 차창 안의 작업장으로 들어갈 수는 없었다. 사람들의 눈치를 살피며 작업장을 슬쩍슬쩍 들여다보았다.

잘 갖추어진 장비들, 증기를 발생시키는 보일러며 긴압차(緊壓茶)를 만들기 위한 프레스가 따리(大理)의 샤꽌차창(下關茶廠)보다는 못했지만, 예전에 봤을 때 보다는 훨씬 깔끔해져 있었다. 작업하는 사람들의 눈에 낯선 사람이 구경을 하고 있는 것이 이상했는지 사무실에 연락을 취한 모양이었다. 잠시 후 직원이 달려와서 뭣 하느냐고 물었다. 문이 열려 있어서 잠시 구경했다고 능청을 떨면서 돌아서니, 빨리 나가라고 고함을 쳤다. 그래서 멍하이차창 내부의 사진은 찍지 못했으나, 그들의 변화된 모습과 시설들을 똑똑히 확인했으니, 비록 사진 자료는 얻지 못했으나 조금의 목적은 달성을 한 셈이었다.

11시에 쑈 선생을 만났고, 그곳을 떠날 시간이 되었다. 쑈 선생에게 며칠 동안 고마웠다는 인사를 하고, 그간의 자동차를 대절한 경비 정도를 건네니 한사코 받지 않았다. 양 선생께서 아침에도 전화를 하셨다고 하면서, 운전사 친구의 자동차에 기름 값이 150콰이(중국의 기름 값은 우리의 2/3 정도) 정도 들었으니 그것만 그에게 전하라고 했다. 그의 만류가 확고해 기름 값으로 그의 친구에게 200콰이를 건네고 받지 않으려는 쑈 선생 대신 부인 주머니에 약소하다며 300콰이를 건넸다. 쑈 선생은 그곳에 다시 오기가 어렵겠지만 만약 그곳에 오면 자기 집에 꼭 들러야 한다고 몇 번을 당부했다. 이우(易武)까지 함께하지 못해 미안하다며 손을 꼭 잡아주었는

01

02

01 멍하이 차창 입구
02 멍하이 차창 표지석
　시솽반나는 타이주(泰族)의 자치 지역이기 때문에 타이주의 글이 표지석에 함께 있다.

타이주의 상징탑이 보인다.

데, 굵고 거친 그의 손에서 따스한 정이 흘렀다. 나는 몇 번이나 거듭 친절한 안내에 감사하다는 인사를 했다. 그렇게 보이차의 최대 생산지인 멍하이를 둘러보는 일정은 마침표를 찍었다.

멍하이를 출발해 난뤄산을 지나 징홍에는 오후 1시경에 도착했다. 징홍에 도착하니 기온이 32℃나 되었고 태양 빛은 따갑게 내리 쬐었다. 이우로 가는 버스는 12시 40분과 2시, 하루 2편이 있었다. 첫번째 차는 출발했으니 2시 버스를 이용해야 했다.

시솽반나의 중심도시 징홍. 1999년 보이차를 연구하려고 처음 들렀던 그곳은 나에게 많은 추억이 있는 곳이다.

보이차 산지 대부분이 깊은 오지라는 사실을 전혀 모른 채 준비도 없이 무모한 도전에 나섰던 일, 망고가 얼마나 맛있던지 며칠씩이나 입에 물고 다녔던 일, 지린성(吉林省) 쓰핑(四平)에서 여행을 온 철도의 고위 공무원인 멋진 친구를 만났던 일 등 추억이 새록새록 꼬리를 물고 이어졌다.

이우로 가는 버스의 출발 시간이 되어 버스에 올랐다. 기사께 시간이 얼마나 걸리는지 물어보니 서너 시간 걸린다고 했다. 징훙을 출발한 버스는 짐을 싣기 위해 멍싱(勐醒)에 오랫동안 정차해 있었고 5시가 다 되어 멍싱을 떠났다. 멍싱부터 이우까지는 비포장 도로였지만, 많은 짐과 적지 않은 승객을 태우고도 버스는 가볍게 달렸다.

버스기사는 내가 외지인인 것을 알았는지, 이우에 무슨 일로 가느냐고 물었다. 차창을 견학하러 왔다고 하니, 도착하면 차창으로 안내해 주겠다며 이우에는 차창이 두 군데밖에 없다는 말을 덧붙였다.

이우에 도착하니 여섯 시가 조금 지났다. 기사가 버스를 세우고 안내한 곳은 뜻밖에도 내가 알고있는 차를 만든 곳이었다. 예전에 쿤밍의 차 도매 시장에서, 양 선생의 아들인 쇼양이 좀 특별한 차라고 보여주었던, 그 상표의 보이차 생산지가 바로 그 차창이었다. 차창의 사장께 쿤밍의 차 도매 시장에서 보았던 일을 이야기 했더니 특별한 관심과 친절을 보여 주셨다. 내가 이우를 찾은 이유가 그곳의 고차원(古茶園) 답사를 위해서 왔다고 말씀을 드리자, 다음날 직접 안내를 해주겠다고 하셨다. 그렇게 20세기 초 보이차의 최대 생산지였고, 야생 교목 차나무의 최대 군락지인 이우에 드디어 도착하게 되었다.

그러나 풀리지 않는 의문이 있었다. 이우 지역은 고차원(古茶園)의 분포가 가장 넓고, 예전에는 복원창(福元昌), 차순호(車順號), 동경호(同慶號) 등, 명품 보이차의 생산이 가장 왕성했던 곳이다. 그런데 이우지역의 중심 촌락에는 수작업(手作業)을 하는 차창이 한 곳, 규모가 중간 정도 되는 차창이 한 곳, 그렇게 두 곳 밖에 없었다. 어찌된 일일까? 대충 물어본 차의 가격도 징마이 지역보다는 많이 낮았다. 그 답을 찾기 위해 다음 날부터 야생 교목차나무를 연구하기로 했다.

이우의
야생교목 차나무

새벽 3시경 후두둑 비 소리에 잠을 깼다. 9시경 고차원(古茶園)이 있는 마을을 방문하기로 했는데, 비가 내려 걱정이 되었다. 빗소리와 피곤함에 잠을 뒤척이다, 7시쯤 여관을 나왔다. 외지인이 많이 찾지 않음을 확인 시켜주는 듯, 한 곳밖에 없는 여관 시설은 많이 불편했다.

비는 그쳤지만 날씨는 잔뜩 흐렸고 땅은 촉촉이 젖어 있었다. 여관의 세면 시설이 불편해 장(張) 사장 댁에 와서 세면을 했는데 장 사장은 이우의 숙박시설이 많이 불편하니 자신의 집에서 지내라는 고마운 말씀을 해 주셨다.

장 사장은 이우 출신이며 그해 60세가 되었고, 예전에 국영 차창의 회계 업무를 보았다고 했다. 복원창, 차순호, 동경호 등 예전 이우에서 생산된 명품 보이차에 대해서는 전혀 알지 못했고, 자신이 기억하는 범위 안에서는 그곳에서 생산된 차들은 대부분 멍하이차창으로 보내졌다고 했다. 어떤 이유에서 이우의 차가 그렇게 몰락을 해야만 했을까? 궁금함은 더해갔다.

01 긴압을 할 때 압력을 주기 위한 돌
02 수증기를 발생시키기 위해 만들어 놓은 재래식 장치

　다시 비가 내릴 것 같아 고차원으로의 출발을 미루고 장 사장의 소규모
차창부터 들렀다.
　차창에는 대부분 수작업을 하는 도구들이 있었다. 산차 상태의 모차에
수증기를 쐬어 긴압을 수작업으로 한다는 것인데 그 공정에서의 수작업은
전통을 고수한다는 것 외에는 별다른 의미는 없다. 모차에 수증기를 쐬는

부분은 스팀보일러를, 긴압은 프레스기계를 사용하는 것이 더 효율적이며, 일률적인 제품 생산에도 유리하기 때문이다.

그 차창의 수작업을 하는 도구들은 샤꽌차창 창지(廠志)에 나와 있는 옛 도구들과 같은 모습이었다. 수작업을 위한 도구들을 카메라에 담고 장사장의 친척이 관리하고 있다는 또다른 차창도 둘러보았다. 그사이 내리던 비가 그쳐 고차원으로 향할 준비를 했다. 고차원이 있는 마흐이짜이(麻黑寨)는 장 사장의 처가가 있는 곳이라 장 사장의 부인도 함께 동행 했는데 부인께서는 오랜만의 친정 나들이라며 무척 좋아하셨다.

그곳으로 가는 교통수단은 경운기 뿐! 60콰이를 주고 하루 동안 전세를 내기로 했다. 아주 험한 비포장 길이라 경운기가 심하게 흔들리며 힘겨워 했다. 앉아 있을 수가 없어 서서 경운기를 꼭 붙잡았다. 걸어서 가면 4시간 정도를 가야한다니, 경운기를 빌릴 수 있었던 것만 해도 다행이었다.

고차원으로 가는 길 주변에 차밭이 많이 보였다. 잠시 후, 장 사장은 경운기를 멈춰 세웠고, 우리 일행은 그 지역에서 가장 오래되었다는 차나무를 구경하기 위해 산 속으로 들어갔다. 원래 두 그루였는데, 관청에서 한 그루를 다른 곳으로 옮겨갔다고 했다. 나머지 한 그루는 빠다산 차왕수 크

이우의 최고령 차나무. 직립형으로 전형적인 야생교목의 형태였다.

기의 반 정도 되어 보였고, 수령은 천 년이 넘는다는 이야기를 들었다.

잠시 사진 촬영을 하고 다시 고차원으로 향했다. 험한 산길을 30분 정도 더 달려 장 사장 처가에 도착했다. 그 댁에서 부탁한 몇 가지의 물건을 내려주고, 경운기는 다시 험한 산길을 달렸다. 산길 주변을 보니 큰 나무들을 베어낸 흔적과, 그 사이사이에서 자라고 있는 차나무 들이 눈에 띄었다. 장 사장이 전해주기를 그곳에 재배하는 차가 없는 것은 아니지만, 대체로 야생 교목 차나무를 길들이기 해서 채엽을 한다고 하는데, 내가 보기에는 교목이 아니라 분명 관목으로 보였다.

잠시 후, 차밭에서 찻잎을 따고 있던 장 사장의 처제를 만났다. 오랜만에 만난 자매는 두 손을 잡아 정겨움을 나눴고, 나는 사진 촬영을 하며 차나무를 살폈다.

장 사장이 야생 교목이라고 소개한 차나무를 보며, 내가 보기에는 관목의 차나무 같아 보였기 때문에 "이곳의 차나무들은 세월이 그렇게 오래된 것 같지 않은데요."라고 얘기했다. 그러자 장 사장은 맨손으로 차나무의 밑을 파헤쳤다. 그러자 땅속에 숨어있던, 잘려나간 야생교목 차나무의 그루터기가 고스란히 드러났다.

야생교목을 길들이기를 하여, 야생교목인지 관목인지 밑둥치를 확인하지 않고는 알 수가 없다.

그래, 그랬었구나. 그곳의 차나무 대부분은 보기와는 달리 본래 야생 교목이었음을 확인했다. 찻잎을 따는 차밭은 야생 교목 차나무의 둥치를 언제 잘라 길들이기[12]를 했는지 모를 만큼, 새로 올라 온 가지들이 굵게 자라 있었다. 정확하지는 않았지만 재배형 교목 차나무의 징마이 지역과, 야생 교목 차나무의 이우 지역 차들의 차이를 어느 정도 가늠할 수 있을 것 같았다.

산을 내려오며, 키가 제법 큰 야생교목의 차나무 몇 그루를 더 확인했고, 장 사장 처가에서 늦은 점심 식사를 했다. 장 사장 처제가 따온 차엽은 저녁에 살청을 한다고 하며, 마당에는 쇄건을 하는 차엽이 앞집, 뒷집, 옆집, 온 동네에 널려 있었다.

점심을 먹고 마흐이짜이를 떠나 다시 이우로 돌아왔다. 전날은 너무 피곤해서 이우에서 생산된 보이차 맛을 못 봤었는데 장 사장 댁으로 돌아와 그곳에서 생산된 몇 종류의 보이차를 맛보았다. 향미에는 큰 차이가 없었지만 이우에서 생산된 보이차의 농도가 징마이에서 생산된 보이차의 농도보다 떨어졌다. 그제야 그곳 차의 가격이 높지 않은 것에 대한 이유를 알 수 있을 것 같았다. 며칠 전 양 선생께서 왜 이우에 다녀와서 이야기를 하자고 하셨는지 가늠할 수 있는 순간이었다.

약 100년 전만 해도 보이차로서 가장 유명했던 이우 지역이 그렇게 변한 데는 이유가 있었다. 차계에도 보다 품질 좋은 차와 새로운 제다 방법에 대한 열망이 있기 마련인데 이우는 소비자의 욕구에 따라가지 못했고 다른 지역에서는 관리가 용이하고 농도와 향미가 좋은 관목의 신품종이

---

12) 야생 교목의 차나무에서는 차를 만들기 위한 채엽이 불가능 하므로, 위의 사진처럼 둥치를 잘라 채엽이 가능한 상태로 형태를 바꾼 것을 맹아지 라고 하는데, 여기서는 길들이기라고 표현했다.

계속해서 개발 되었던 것이다.

　세월의 무상함과 영원성이란 있을 수 없다는 것을 새삼 느꼈다. 그날 장 사장과 보이차에 관한 많은 대화를 했기 때문에 장 사장께서 나의 보이차 연구의 깊이에 대해 인정을 해 주셨다. 그리고 그곳에는 아직 보이숙차(普

01

02

01 이우의 고차원 마흐이짜이
02 보이차의 채엽에는 특별한 규칙이 없었다.

洱熟茶 미생물 발효차)의 기술이 없으니 함께 보이차를 만들며 숙차(熟茶)의 기술을 가르쳐 줄 수 없겠냐는 말씀을 하셨다. 내가 그 정도로 기술이 뛰어나지 못하다고 말씀드리고 대신 양 선생의 연락처를 가르쳐 드렸다.

작년 융더차창(永德茶廠)에서 보이숙차의 변화에 대한 나름의 공부를 마친 상태라, 그들보다 더 위생적이며 맛 변화도 잘 할 수 있었지만, 우리나라에서 그것을 실현하고 싶은 마음이 더 강했다.

그땐 그렇게 생각을 했었다. 한국에 돌아가 우리 땅에 보다 더 진보한 제다 기술을 보급해야겠다고 생각했었다. 그러나 중국에서 제다 공부를 하며 겪은 어려움보다, 국내 차계의 성숙하지 못한 현실이 더 큰 어려움이라는 사실을 그때는 상상도 못했었다.

늦은 밤, 장 사장 댁 이웃에서 보이차를 덖고 있기에 한참을 구경했다. 보이차의 살청답게 대충대충 덖었다. 그 대엽종 차엽은 수분 함류량이 높고 살청을 대충했기 때문에, 유념을 할 때 손에 달라붙지는 않았으나 베어져 나온 수분은 질퍽거렸다. 그리고 장 사장 댁에서 보이차를 조금 구입했고, 그들이 황상차(皇上茶)라고 하는, 야생 교목을 길들이기 해서 처음 딴 차엽으로 만든 칠자병차(七子餠茶)도 함께 구입했다. 그리고 그것들은 다음 날 포장을 해서 우체국 화물로 웨이하이(威海)[13] 에 있는 자취집으로 보내기로 했다.

---

13) 산동성 웨이하이에 자취집을 구해 중국 차 공부의 전초기지로 삼은 이유는 1992년 한중수교 이후 가장 먼저 개항한 항구 중의 하나인 웨이하이의 공안국에서 비자를 갱신하기가 가장 용이했기 때문이었다. 한국에서 1개월의 관광 비자를 받아가도, 보증 회사의 간단한 서류와 80콰이의 비용으로 1년간의 체류비자를 갱신해 주었기 때문이다.

01

02

01 이우의 황상차 포장과 황상차의 차엽
02 갈변되지 않은 싹 부분이 많고 정성스럽게 유념된 최상품이다.

01　　02

03

01 보이차의 살청 후 유념하는 모습
02 수분이 많아 질퍽거림이 보이며,
　　우리나라에서 녹차를 유념하는 모습과 같았다.
03 보이차의 기계 살청
　　일반적 녹차의 살청기가 아니라 청차의 살청기
　　와 같이 크지만 길이는 더 길다.
　　위 사진처럼 많은 양을 한꺼번에 넣었을 때는
　　살청이 제대로 이루어지지 않는다.
　　하지만 보이차는 살청이 제대로 되지 않아 살청
　　후 산화효소의 활동이 일어나는 부분이 있다는
　　것이 녹차와 다른 특징이다.

그 날은 차나무에 관해 많은 부분을 새롭게 알게 된 날이었다. 특히 야생 교목 차나무에서 채엽이 가능하도록 굵은 줄기를 잘라내어 길들이기를 하는 것에 대해 알았고 길들이기 후 그 차의 농도(차 맛의 진하기)가 확연히 떨어지는 것을 확인했다. 다행히 이우 분들은 예전에 상업이 활발했던 시절, 타 지역에서 이주해온 한족들의 후예들이 많았기 때문에, 언어의 소통에 별다른 문제가 없어서 보다 많은 이야기를 나눌 수 있었다.

다음날 이우를 떠나기로 했고 그곳의 숙박 시설이 불편해 장 사장 댁에서 하룻밤 신세를 졌다.

다음날 새벽에 비가 많이 왔다. 전날 그렇게 비가 왔으면 고차원에는 가지 못했을 텐데 지나고 보니 참 다행이었다. 오전 7시 30분에 징홍으로 출발하는 버스를 타기위해 6시 30분에 일어나 떠날 준비를 했다.

도로에 나가니 7시 30분에 징홍으로 출발하는 버스 기사가 그날은 개인적인 일을 보느라고 운행을 하지 않는다고 했다. 난처하긴 했지만 어찌할 도리가 없었다. 조금을 더 기다려 멍싱으로 가는 버스를 탔다. 장 사장께서 배웅을 해 주셨고 다시 들리라며 손을 꼭 잡아 주셨다. 배려에 감사하다며 머리 숙여 인사를 드렸다.

멍싱까지는 1시간 30분을 달렸고 거기서 다시 징홍으로 가는 버스를 갈아탔다. 징홍으로 가는 길이 많이 구불구불하여 머리가 아팠지만 잘 달린 덕에 멍싱에서 징홍까지는 1시간 만에 도착했다.

징마이와 이우의 답사를 생각보다 빨리 마무리 지었다. 다시 쿤밍으로 돌아가야 하는데 어떻게 이동을 할까? 버스 요금은 160콰이였고, 항공 요금은 570콰이였다. 400콰이 정도의 차이가 났다. 갈등이 생겼지만 다녀

징훙의 시솽반나 공항의 대합실.
비행기가 연착을 했고, 도시락을 나눠줄 때 많
이 번잡 했지만, 아무도 연착에 대해 항의 하는
승객은 없었다. 비싼 도시락이었다.

야 할 지역이 많으니, 건강에 유념해야 한다는 생각에 비행기를 타기로 했
다. 오후 5시 40분 징훙 출발, 쿤밍행 FM454편. 탑승 때 까지 3시간 정
도의 여유 시간이 있었고, 언제 다시 올지 모르지만, 강렬한 태양을 느끼
며 이국적 정취와 함께한 추억을 기억하기 위해 영업용 삼륜자전거를 타
고 징훙 시내를 둘러보았다.

  공항으로 갈 시간이 되어 삼륜자전거 기사에게 이야기를 하니, 택시요

금은 20웬이나 되니 버스를 타고 가라며, 친절히도 공항으로 가는 버스로 안내해 주었다. 바쁠 것이 없으니 돈을 절약할까 해서 버스를 탔는데, 버스가 도착한 곳은 정문이 아니라 후문이었다. 짐이 무거워 정말 난감했었다.

탑승 수속을 마치고, 출발 시간을 기다리고 있으니 안내 방송이 나왔다. 쿤밍으로 가는 세 편의 비행기가 모두 연착이라고 했다. 그리고 내가 타고 갈 비행기는 7시 50분에 출발한다고 했다. 중국에서는 가끔 있는 일이라 별다른 느낌은 없지만 그럴 줄 알았다면 버스를 이용해 잠이나 푹 잘걸….

잠시 후 연착이 되었다고 공항에서 도시락을 하나씩 나누어 주었는데, 그것을 서로 먼저 받으려고 밀고 당겨서 순식간에 공항 대합실이 난장판이 되었다. 그들은 왜 그렇게 질서 의식의 변화가 더딘 것일까? 비행기를 탈 때도 그렇다. 늦게 타면 비행기가 자신를 두고 떠난다고 생각해서일까? 아니면 늦게 타면 자리가 없어 서서 가야 한다고 생각해서일까? 느린 것 같은 그들이지만, 공공 교통편을 이용할 땐 아주 빨라진다. 그들이 뛰면 나도 덩달아 걸음이 빨라지는 것을 보며 나의 질서의식도 되새겨 보는 계기가 되었다. 우리도 그런 시절이 있었음을 기억하는데….

쿤밍에 도착해 저녁 9시경 '한강'으로 먼저 갔다. 선배와 형수께서 반갑게 맞아주셨고, 오랜만에 먹는 한식이 눈물겹게 맛있었다. 숙소로 돌아와 밀린 빨래를 했다. 빨래가 많아 손빨래를 하자니 힘이 들었다. 5일 간이나 제대로 씻지를 못해 몰골은 꼭 넝마주이처럼 되어 있었다.

빨래를 마치고 징마이와 이우의 차를 한 잔씩 우려서 맛을 보며, 내일 양 선생님을 만나면 해야 할 이야기를 정리하다 잠이 들었다.

보이차,
농도의 중요성

시솽반나와는 달리 쿤밍의 새벽 기온은 쌀쌀했다. 양 선생님과 만나기로 약속을 했기 때문에 일찍 일어나 작년 가을 차 도매시장에 개업한 선생님의 보이차 판매장으로 나갔다.

며칠 고생이 많았다며 어깨를 토닥여 주시는 선생님과 샘플로 가져온 징마이와 이우의 보이차를 앞에 놓고 대화를 했다. 선생님은 두 곳에서 어떤 차이를 느꼈냐고 먼저 물어 보셨다. 두 곳의 보이차가 농도 면에서 두드러진 차이가 있으며, 두 지역 차나무의 재배 형태의 차이 그리고 홍건(烘乾 건조기에서 건조)과 쇄건(晒乾 햇볕에서 건조)에 의한 향미의 차이에 대하여 말씀드리니 아주 제대로 관찰을 했다며 흐뭇해 하셨다.

홍건과 쇄건의 맛 차이를 보면, 홍건을 할 때 건조기의 온도를 대체로 70℃ 정도에 맞추어 놓고 건조를 하는데, 건조기 안에서 차엽에 닿는 복사열은 70℃ 이상 올라가게 된다. 건조를 하기 위해 차엽이 높은 온도의 열을 흡수하게 되면, 야채 등을 볶은 것 정도의 고소한 맛은 아니지만 쇄건과 비교했을 때 고소한 맛의 느낌이 반드시 생기게 된다.

쇄건을 했을 때는 햇볕에 의한 화학적 변화가 생기겠지만 건조의 온도
만 비교해서 보면 홍건과 같은 온도의 상승은 생기지 않기 때문에 홍건과
비교하면 고소한 맛의 느낌은 없고 맑고 매끄러운 맛이 있다.

하지만 맑고 매끄러운 맛을 얻기 위해서 모든 차에 쇄건을 해도 되는 것
은 아니다. 왜냐하면 쇄건을 할 수 있다는 것은 대엽종을 사용하는 흑차
(黑茶)류의 대표적인 특징 중 하나이기 때문이다.

나는 쿤밍의 차 도매상들이 현재 생산하는 보이차를 가장 정확하게 평
가 한다고 생각한다.

그 상인들은 소량도 유통을 하지만 많게는 수백, 수천 톤씩 거래하기 때
문에 조그만 실수도 허락하지 않는다. 그들이 반장차(班章茶 빤장차)를 비롯
해 린창(臨滄) 지역의 일부 차와 징마이 지역의 차를 가장 높은 가격으로 거
래하는 이유는 차의 진하기 즉 농도에 있다. 그들에게 차의 농도는 보이차
를 평가하는 가장 결정적인 기준이며 답사에서도 재삼 확인한 사실이다.

이우 지역이 쇠퇴한 것은 야생 교목 차나무를 길들이기 해서 생산한 차
보다, 징마이의 재배형 교목 차나무에서 생산된 차의 농도와 향미가 더 우
수하며, 생산량도 훨씬 많은 것이 첫 번째 원인이었다. 그리고 개량된 신
품종인 관목 차나무들이 농도 면에서 교목보다 뛰어난 차가 많으며, 대표
적인 차가 바로 반장차(班章茶)인 것이다.

양 선생과 점심 식사를 하러가다가 몇 번 만난 적이 있는 하동군 화개골
의 차농(茶農)들과 천연염색을 하는 김 선생, 그리고 쿤밍에 거주하며 그곳
을 안내하는 한국 분을 만났다.

얼마 전, 그 김 선생이 중국차의 제다 방법에 대하여 물어온 적이 있었

는데, 우연히 그곳 쿤밍에서 마주치게 되었다.

'이제 화개골에도 제다의 새로운 바람이 불려나?' 그분들과 우리 차의 발전 방향에 대해 내 노트북을 펼쳐 보이며 이야기를 나누었다. 새로운 것을 배우러 온 화개의 차농들이 제대로 길을 찾아 배울 수 있었으면 하는 바람을 가져 보았다. 하지만 녹차를 위주로 만드는 화개의 차농들이 저장성(浙江省)이나 안후이성(安徽省) 등 녹차의 산지들이 아니라 왜 윈난성부터 방문을 했는지 의문이 들었지만, 분위기가 아니었기에 물어볼 수는 없었다.

그분들이 '중국의 차 세계를 조금 더 큰 시야와 열린 마음으로 바라본다면 접근이 용이할 텐데' 라는 아쉬움이 있었지만, 새로움을 배우러 온 그분들이 우리나라 차 발전에 큰 보탬이 되기를 희망했다.

쿤밍에 거주하며 그분들을 안내한 한국 분은 익히 들어 알고 있는 사람이었다. 그러나 만나고 보니 보이차가 어떻게 만들어지는지 이해가 부족하고 더욱이 중국 차인들과 직접 대화가 통하지 않는 사람이었다. '어떻게 그런 분이 보이차의 전문가라고 소문이 났을까?' 라는 생각이 들었다. 물론 그분 나름대로 차를 보는 견해가 있을 것이고 말이 통해야만 차를 알 수 있는 것은 아니라고 하겠지만….

인터넷에 적어올린 보이차에 대한 글[14] 중에 '보이차는 어떻게 만들어지는지 알아야 제대로 이해할 수 있다'고 적었더니 '어떻게 만들어지는지 알아야만 보이차를 이해할 수 있는 것은 아니며 보이차의 제다 방법이

---

14) 보이 청병 숙병, 2000년 인터넷.
   중국의 발효차, 2001년 다담지 겨울호. 발효차 이야기, 2007년 다담지 여름호.

얼마나 많은데 한 가지를 배웠다고 함부로 얘기하지 말라'는, 댓글이 올라온 적이 있다. 물론 제다를 알아야만 보이차를 이해할 수 있다는 말이 다 옳은 것은 아니다. 하지만 미로 같은 보이차의 세계에서는 꼭 필요하다고 생각한다.

제다를 연구하고 차 만들기가 전문인 나의 입장에서는 제다에 관한 글을 보면 경험에 의한 이야기인지 책으로 간접 경험을 한 것인지, 상식으로 들은 이야기인지 금방 알 수 있다.

지금 우리나라에서 보이차를 좀 안다는 분들의 글을 보면 제다에 관한 이해가 부족하다. 수없이 많은 보이차의 제다 방법이 아니라, 기본을 알면 응용은 그렇게 어려운 것이 아니다. 보이차에 관한 이해의 폭을 넓히려면, 보이차를 생산하는 차나무를 비롯해 기본적인 제다의 이해는 있어야 한다는 뜻이다.

차를 만드는 입장에서 본 나의 견해와, 판매와 음용하는 입장에서 본 나와 다른 견해를 놓고 누구의 말이 옳고 그름을 가릴 필요는 없다. 내가 보이차를 다 아는 것도 아니며, 다만 제다자(製茶者)의 입장에서 보는 뚜렷한 견해를 가지고 있을 뿐이다. 우려되는 것은 차 문화라고 하는 포괄적인 부분에 악영향을 끼치는, 오래된 보이차가 왜 좋은지, 오래됐다고 하는 것의 확인 방법은 무엇인지, 오래 되었다면 맛의 변화는 어디에서 시작해 어디로 흘러가는지 등의 설명 없이 막연한 이름을 붙여 판매하는 상도의 문제와 그런 보이차를 마셔야만 특별한 존재가 되는 것처럼 느끼는 분들의 성숙하지 못한 안목이 문제가 아닐까 싶다.

보이숙차
만들기

왕 사장과 융더(永德)의 자이구어팅(翟國庭) 형에게 전화를 했다. 내가 보이차의 제다를 실습한 그곳은 린창(臨滄)지구 융더씨엔(永德縣)이라는 곳에 있으며 그곳은 교통이 많이 불편한 탓에 윈난성에서 오지 중의 오지다.

융더차창의 자이구어팅 형은 양 선생의 제자이며 나와는 의형제로 지내는 분이다. 전화를 받는 자이꺼(翟兄)에게 나는 안부와 사업을 물었고 형은 내가 가르쳐준 발효의 몇 가지 방법과 위생문제의 변화로 판매가 잘 된다며, 보고 싶은데 왜 들리지 않느냐고 물었다. 자이꺼는 나의 도움으로 사업이 잘된다고 하지만, 형의 도움이 없었다면 나는 보이차의 제다를 완성하지 못했을 것을 알기에 오히려 내가 더 고마웠다.

자이꺼가 사는 융더는 쿤밍에서 출발하는 유일한 교통수단인 장거리 버스로 24시간 정도 걸리기에 쉽게 가기는 힘든 곳이다.

왕 사장과도 통화를 했다. 그는 쥔산도(君山島)가 있는 후난성(湖南省) 출

신이며 나오는 동갑내기 친구다. 그는 안후이성(安徽省) 농대 차학과[15] 를 졸업하고 후난성의 차창에서 공정사(工程事)를 했다. 그리고 몇 년 전부터 자이꺼의 융더차창에서 직접 전홍(滇紅 덴홍)이라고 하는 윈난성의 홍차를 만들어 몽고와 러시아 등지로 수출을 했다. 자이꺼의 차창에서 일할 때 동갑내기다 보니 함께한 추억이 많았고, 중국의 이름난 차창에는 그의 동문들이 많아 그에게 여러 차례 도움을 받았다. 조금 느리게 들리는 후난성 사투리로, 빨리 와서 자기와 함께 홍차를 만들자고 농담을 던지는 한편 건강에 유의해서 다니라고 내게 위로를 전했다.

2001년 양 선생의 소개로 그곳 융더차창을 처음 방문했고, 그들과 함께 몇 달을 지내며 보이숙차 제다의 전 과정을 함께했다. 그들과 살아온 환경

15) 중국에서 제다에 관해서 가장 권위가 있는 대학

이 많이 달랐던 한국인이지만, 그곳에서 지내는 동안 나는 그들과 다를 바 없는 차창의 직원이었다. 제일 먼저 일어나 차창의 발효장을 둘러보았고, 그들이 잘 하지 않는 청소는 내가 도맡아 했다. 얼마 지나지 않아 차창의 어린 직원들은 나를 수수(叔叔 삼촌)라고 부르며 청소를 하는 내게 미안했든지 사장도 시키지 않는 청소를 하기 시작했다. 그렇게 변화하는 직원들의 모습을 본 사장은 나에 대한 믿음과 신뢰가 쌓였는지 차창의 전 공정을 나에게 맡기고 바깥일을 보기 시작했다. 그 후 자이꺼와 나는 슝띠(兄弟 의형제)가 되었다. 그렇게 몇 달을 보낸 후 한국으로 돌아와 대학에서 미생물학을 지도하는 사촌형의 도움을 받아, 발효의 메커니즘에 대한 공부를 다졌고, 그곳에서 익힌 보이숙차의 발효에 어떤 변화를 주면 좋을까를 고민했다.

왜냐하면 전통적인 방법을 고수하는 그들을 보면서, 만약 보이 모차를 수입해서 우리나라에서 미생물 발효차를 만든다면 그들보다 더 위생적이며 체계화된 방법으로 생산성과 품질 향상을 할 수 있다는 확신이 있었기때문이다.

드디어 2002년 융더차창에서 보이숙차의 변화를 실험했다. 우선 위생적인 부분은 발효장의 청소부터 시작했다. 그런 다음 모차에 물을 뿌리고 잘 섞어준 후 고초균(枯草菌)[16] 에 의한 촉매의 진행으로 맛 변화를 주기 위해 짚을 엮어 덮었다. 왜냐하면 악퇴(渥堆)라고 하는 보이숙차의 발효에 발생하는 대표적인 미생물 중 하나가 국균(麴菌 Aspergillus)[17] 이기 때문이다.

---

16) 枯草菌, Bacillus subtills, 말 그대로 늙은 풀, 즉 짚에 많이 있는 미생물이다.

17) 坂田完三, 『微生物発酵茶 中國黑茶のすべて,』, 株式會社 幸書房, 2004.6. P92.

짚으로 묶어서 말린 메주로 만든 된장과 짚을 사용하지 않은 된장의 맛 차이가 확연하다는 것에 착안을 했다. 국균에 촉매 작용을 일으키는 고초균을 사용한다면, 보이숙차를 만들 때 반드시 변화가 생길 것이라는 확신을 가졌다.

짚 위에는, 다시 광목천을 덮어 온도를 유지함과 동시에 외부와 차단하여 위생에도 변화를 주었다. 그리고 발효를 할 때 가장 중요한 부분 중의 하나인 수분, 즉 물의 양을 계량했다. 그들은 관습에 의해 수돗물을 틀어 놓고 '대충 이정도면 되겠지' 라는 방식이었는데 나는 모차의 수분율을 10%에 맞춰서 진행했다.

융더차창에서는 보이 숙차를 만들 때 1회에 보통 20톤의 모차를 발효하는데 나는 10톤의 모차를 준비했다. 물 1리터를 1킬로그램으로 보고 20리터의 물동이에 물을 받아 모차에 50번의 물을 붓게 했다. 수돗물을 틀어놓고 작업을 할 때보다 시간은 다소 많이 걸렸지만 차창의 직원들은 내 지시에 잘 따라주었고, 자이꺼에게는 수분율이 낮아 4주가 아니라 완성품은 6주쯤 걸리겠다고 미리 양해를 구했다. 수돗물을 틀어 놓고 작업을 할 때 물의 양이 정확하지 않고 대체로 많았기 때문에 시간이 지남에 따라 모차와 골고루 섞이지 않은 물이 아래로 흘러 바닥에 부패되는 모차[18]가 있었다. 하지만 물을 계량했기 때문에 그런 부분은 없을 것이며, 맛의 변화도 반드시 있을 것이라고 확신했다.

자이꺼는 다 못쓰게 되어도 괜찮으니 동생 하고 싶은 대로 해 보라고 지나가는 말을 했지만 잔뜩 기대에 부풀어 있는 표정을 엿볼 수 있었다.

다음 날, 모차에 수분이 골고루 스며들게 하기 위해 뒤집기를 하였고,

---

18) 발효향과는 구별되어야 하며, 보이숙차의 역겨운 쾌쾌한 냄새는 이 부분이 섞였을 가능성이 높다.

01

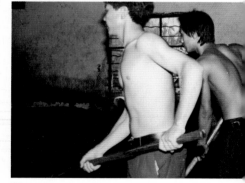

02

01 짚을 활용해 보이숙차를 만드는 모습

광목천 위에 덮여진 것은 종려나무 껍질이다. 간혹
보이차에서 머리카락이 나왔다고 하는데, 그것을 태
워 보면 머리카락 타는 냄새가 아니라 식물성 성분이
타는 냄새가 난다.
바로 종려나무의 껍질이 머리카락처럼 보였기 때문
이다.

02 물을 계량해 수분율을 맞추고, 골고루 섞었다.

그 다음 날에는 뒤집기를 하지 않지만 혹시 수분이 너무 적은 것은 아닌가 하는 생각에, 다시 한 번 뒤집기를 하며 확인을 했다. 몇 시간 구슬땀을 흘려야 했기 때문에, 차창의 직원들 모두가 고생이었지만 순박하고 정이 넘치는 시골 차창의 아이들은, 제일 먼저 삽을 들고 일을 시작한 나에게 "수수는 뒤에서 우리가 하는 일을 감독하세요." 라며 내 손에 들려있는 삽을 뺏었다.

한낮의 온도는 30℃ 가까이 올랐지만, 하루의 평균 온도는 25℃ 정도 되었고, 낮에 비가 한 차례씩 내린 까닭에 습도는 70% 이상 되었다. 일주일이 지나자 발효향이 조금씩 발생하기 시작했고 모차의 내부 온도는 예상대로 40℃ 까지 올라갔다. 그때 다시 뒤집기를 하여 공기를 유통시켜 혐기성(산소가 없음)으로의 진행을 막음과 동시에, 호기성(산소가 풍부함)의 진행이 잘 되도록 했고 조금의 물을 더 뿌려 증발된 수분으로 인해 발효의 진행이 더디어지는 것도 막았다.

발효의 진행 중에는 차창에 특별한 일이 없었다. 나는 매일 아침 발효장을 둘러보았고 차창의 직원들은 나와 동갑내기 친구인 왕 사장의 홍차 만드는 일을 했다. 차엽의 수매는 차창의 사장인 자이꺼가 맡았고, 완성된 제품의 선별은 왕 사장이 직접했다. 나는 수동 건조기 위에 올라가 건조기의 문을 개폐하는 일을 도왔다. 자동 건조기가 아니라 수동 건조기라 건조기의 문을 계속 여닫아야 하는데 그때 차엽의 뒷면에 붙어 있는 솜털이 많이 날렸다. 온 몸에 흰 솜털이 날렸고 머리가 백발의 노인처럼 보이자, 친구 왕 사장은 나를 로따(老大 어르신)라고 놀렸다.

일과는 오후 5시면 마무리를 했다. 그런데 중국은 면적이 넓어(대한민국의 약 96배) 지역에 따라 시차가 많이 생기지만 국가적 편리함 때문에 중국

전체가 베이징 표준시간을 사용한다. 그런 까닭에 시차가 한 시간 이상 생기는 그곳의 저녁은 너무도 길었다. 공해라고는 전혀 없는 밤하늘, 손을 뻗으면 잡힐 것 같은 은하수의 무리가 수를 놓았고 아련하게 날아오는 야래향(夜來香)의 꽃향기가 길 떠난 나그네의 마음을 뒤흔들었다.

모차의 수분율을 낮추었음에도 불구하고 짚을 이용한 고초균에 의한 촉매 작용을 활용한 덕에 6주 정도 예상을 했던 발효가 4주 만에 색 변화와 맛 변화[19] 가 모두 이루어졌다. 또한 모차의 아래 부분에 흘러내린 물에 의해 부패가 생기는 부분은 전혀 없이 만족할 만큼의 성과가 있었다. 의도한 대로 결과가 나오지 않으면 어쩌나 하는 걱정을 했었는데 변화를 보고 좋아하는 차창의 모든 가족들을 보며 그 동안의 노고와 걱정이 봄 눈 녹듯 녹았다. 자이꺼는 동생 덕에 많은 부분을 새롭게 알게 되었다고 기뻐했고 나는 자이꺼 덕에 큰 공부를 했다며 고개 숙여 감사의 마음을 전했다.

지그시 눈을 감고, 지난 몇 년 동안 쉼 없이 다녔던 중국의 차산지와 윈난성(云南省)에서의 일들을 떠올렸다.

1999년 7월의 강렬한 태양빛을 맞으며, 상하이에서 쿤밍까지 52시간이나 걸렸던 기차를 타고, 보이차의 고향 윈난성을 찾았다. 쿤밍에서 징홍까지는 24시간의 장거리 버스를 탔고 배낭에는 필름 카메라의 여러 장비와 중국지도 한 장, 그리고 일본책 『중국차 입문』[20] 이 들어있었다. 보이숙차와 같은 미생물 발효차의 제다법을 배우고 싶어 나선 길이었기에 마음

---

19) 보이숙차 특유의 진한 흑갈색이 아니라 진한 갈색이 되었다. 발효가 4주간이나 진행되었기 때문에 보이숙차 특유의 발효향은 있었지만, 보이청차의 향미도 있었다.

20) 菊地和男, 『中國茶入門』, 講談社 1998

속에는 비장함이 있었다.

  쿤밍에서 징훙까지 가는 장거리 버스가 손님을 더 태우기 위해 푸얼씨
엔(普洱縣)의 버스 정류장에 들어갔을 때, 차 상점이 보여 보이차가 있냐고
물어보니 앞에 전시된 것이 모두 보이차인데, 어떤 것이 필요하냐고 상점
의 주인이 되물어 왔다. 통역은 어떤 것이 필요하냐고 물었고, 필요한 것
이 없다고 물러서면서 그제야 뭔가 잘못 되었음을 예감했다. 그 보이차는

01

01 러시아로 수출 할 왕사장이 만든 홍차
02 융더 차창의 직원들과 나들이. 앞줄 오른쪽
    에서 왕사장, 나, 자이꺼, 형수

02

우리가 일반적으로 아는 칠자병차(七子餅茶)나 전차(磚茶) 등의 긴압차가 아니라 녹차와 홍차라고 적혀 있었다.

지금은 보이차가 중국 전역에 유통되기 때문에 보이차라고 하면 우리가 알고 있는 그 보이차로 알지만 그때만 해도 그 지역 사람들에게는 칠자병차, 혹은 보이발효차라고 해야 했다. 왜냐하면 보이의 중국식 발음인 푸얼(普洱)은 중국 윈난성 푸얼씨엔의 지명 이름이며, 그곳은 보이차의 생산지가 아니라 집산지여서 푸얼씨엔의 주변에서 생산되는 모든 차가 보이차(普洱茶 푸얼차)였던 것이다.[21]

시솽반나의 징홍에 도착했을 때, 열대의 이국적인 정취를 느낄 겨를도 없이 그런 마음가짐과 부족한 준비로는 한 발짝도 나아갈 수 없음을 알았고 그래서 곧바로 귀국 할 수밖에 없었다.

귀국 후 한 달간 중국 여행에 관한 자료와 보이차에 대한 상식을 더해 다시 윈난성을 찾았다. 쿤밍 차 도매시장에서 몇 곳의 차창을 소개 받아 험한 길과 불안한 장거리 버스를 타고 하루가 걸려 찾아간 곳에서 문전박대를 당하기 일쑤였다. 그러는 사이 멍하이차창, 샤관차창을 견학할 수 있었고, 윈난성 생산의 홍차 뎬훙의 차창인 펑칭(鳳慶) 차창도 견학할 수 있었지만 그곳들은 견학일 뿐 제다를 배울 수는 없었다.

'뜻이 있는 곳에 길이 있다' 고 했던가. 쿤밍의 차 도매시장의 한 상점에서 보이차를 살피며 이것저것 물어보는데, 상점의 주인이 저분께 물어보면 잘 알려줄 거라며 우연히 소개를 받은 분이 바로 양 선생이다.

---

21) 우리나라 하동에서 생산되는 차를 종류와 관계없이 하동차라고 하는 것과 같은 이치다.
22) 鄧時海, 『보이차』, 한글판 '중국 운남 진년 푸어차' 도서출판 대우사, 2000. 7.

그 당시 『보이차』[22] 라는 책이 출판되어 '오래된 보이차가 좋다' 라는 편향된 생각이 생기기 시작한 때라서 '쿤밍에는 있지도 않은 오래된 보이차를 이 젊은 친구도 찾으러 온 것은 아닐까?' 하는 양 선생의 경계하는 눈빛도 있었지만 평생 차 만드는 일을 해 오신 분답게 제다를 배우겠다는 내게 특별한 관심을 보여 주셨다.

양 선생을 알고부터 보이차에 대한 이해가 한결 쉽게 되었고 융더의 자이꺼 차창에서 보이차 만들기를 마음껏 할 수 있는 행운이 있었다. 그렇게 해서 보이차 세계로의 여행이 시작되었다.

알면 알수록 새롭게 다가오는 보이차의 세계.

여행을 마무리하고 한국으로 돌아가면 어떤 부분을 이야기해야 하고 나의 진로는 어떻게 해야 할까? 라는 생각이 주마등처럼 스쳐 지나갔다.

윈난성 쓰마오 첸쟈짜이에 있는 2700년 최고령 차왕수. 그곳 해발은 2405m 였다.

스촨성四川省
망띠산의 고산차

四川省 Sichuan

　중국의 남서부 서남지구에 속하며 양즈강(揚子江) 상류에 있다. 약칭으로 川이라 하며, 춘추전국시대, 촉(蜀)에 속했기 때문에 약칭을 蜀라 부르기도 한다. 성후이는 청두(成都)며, 삼국지의 유비가 촉한(蜀漢)을 세운 곳이다. 성의 남동부 지역에 있는 충칭시(重慶市)에 상하이와 더불어 우리나라 임시정부 청사가 있다.

　주요 관광지로는 우호우츠(武候祠)와 뚜푸차오탕(杜甫草堂), 유네스코 세계문화유산 두장옌(都江堰), 러산따푸(樂山大佛), 따주스커(大足石刻)와 어메이산(蛾眉山)을 비롯한 불교와 도교유적, 그리고 쥬짜이꺼우(九寨溝)등 유명관광지와 명승고적이 유난히 많다. 또한 청두에 있는 쓰촨 대학은 중국을 대표하는 대학 중 한 곳이다.

멍띵산 황차원의
고 산 차

쓰촨성의 성후이(省會 성의 중심도시) 청두(成都)에서 하룻밤을 보냈다. 여섯 시에 기상. 밖엔 천둥을 동반한 장대비가 내렸다. 이렇게 비가 많이 오면, 멍띵산에 오르지 못할 텐데….

다시 누워 생각을 했다. 일정을 바꾸어 우호우츠(武候祠)와 뚜푸차오탕(杜甫草堂)에 먼저 들릴까 생각하다가 비 때문에 계획을 바꿀 수 없다는 생각이 들었다. 그래서 멍띵산부터 가야한다고 마음먹고 숙소를 나와 버스 정류장으로 향했다.

전날 충칭(重慶)에서 청두까지 오는 길에 차밭을 보지 못했기 때문에, '혹시 국도 주변에서 차밭을 볼 수 있을까?' 싶어 밍산(名山)행 완행버스 표를 끊었다. 차표는 26콰이였으며, 2시간 30분이 걸린다고 했다.

밍산으로 가는 도로변에는 차밭이 보이지 않았다. 청두의 해발은 650m 가량 되었고 밍산으로 가는 길은 해발 650~850m 사이를 오르락내리락 거렸다. 밍산 버스 정류장에서 영업용 삼륜자전거를 타고 멍띵산으로 향했다.

멍띵산 입구의 蒙頂山이라는 현판을 보며 얼마간 생각에 잠겼다. 그곳
은 초의선사의 동다송(東茶頌)[23] 에 소개되어 우리나라 차인들에게는 그다
지 낯설지 않은 곳이다. 유구한 역사 속에 중국 최고의 명차라고 하는 몽
정차(蒙頂茶 멍띵차), 몽정황아(蒙頂黃芽 멍띵황야)와 몽정감로(蒙頂甘露 멍띵간
루)가 생산되는 바로 그 유명한 멍띵산이었다.

오전 11시 30분, 멍띵산 입구의 안내 표지판을 살펴보니 가까운 곳에 차
창이 있어서 그곳을 먼저 들렀다. 차창에는 마침 점심시간이라 경비아저
씨를 제외하고는 인기척이 없었고 아주 깨끗하고 조용했다. 경비아저씨가
내어준 몽정감로차를 마시며 점심시간이 지나길 기다리며 이런저런 생각
에 눈을 감았다.

23) 동다송 제16절, 제19절

여행을 전문으로 하는 사람들은 어떤 마음으로 여행을 할까? 숙식과 언어, 고독과 외로움, 경비, 그것들을 어떻게 극복하고 다닐까? 좋은 차와 그에 관한 정보를 만났을 때, 힘든 일들을 한 순간에 잊어버리는 나의 경우와 같이 그들에게도 열정을 끌어내는 무언가가 있을 것 같았다.

쓰촨성에는 불교유적이 유난히 많았다. 보현보살님을 모신 어메이산(峨眉山)을 비롯해 세계문화유산의 러산따푸(樂山大佛)와 세계문화유산인 따주(大足)의 마애불, 그 외에도 많은 사찰들이 산재해 있었다.

기회가 주어진다면, 중국의 명찰 순례를 해 보고 싶었고 체력을 보충해 시장(西藏 티베트)을 여행하고 싶었다.

오후 1시 30분, 차창의 공장장이 돌아왔기에 서로 반갑게 인사를 나누고 차창 견학을 했다. 중국의 다른 차창과는 달리 차창 안과 밖이 한결같이 깨끗했다. 차창에서 시간을 너무 많이 보냈기 때문에 우선 멍띵산부터 다녀와서 다시 만나기로 하고 택시를 타고 멍띵산으로 향했다. 산 입구에서 매표소까지 구불구불한 길을 한참 올라갔다. 산 입구의 해발은 650m 가량 되었고 리프트를 타는 매표소에 도착하니 해발 1,250m였다.

리프트를 타고 다시 정상을 향했다. 매표소에서 산의 정상까지는 온통 차밭이었다. 리프트에서 내리니 조그마한 차사박물관(茶史博物館)이 있었고, 오랜 세월을 보낸 여러 비문(碑文)과 함께 야생차를 재배할 수 있게 최초로 옮겨 심었다는 보혜선사(普慧禪師) 오리진(吳理眞)과 다성(茶聖) 육우(陸羽)가 모셔져 있었다. 잠시 묵념을 드리고 다시 황차원(皇茶園)으로 향했다.

01

02

03

01 멍띵산의 차밭
02 멍띵산의 차사(茶史)박물관
03 황차원 입구
04 위엄이 서려 있는 황차원 입구
05 황차원의 표지석
06 황차원의 해발 1505m

04

05

06

멍띵산의 정상 근처에 위치한 황차원에 도착하니, 사진에서 본 그대로의 모습이 펼쳐져있었다. 공차(貢茶)만을 만들었다는 멍띵산의 황차원, 아직 정상에 오르지 않았는데 손목에 찬 고도계의 해발은 1,505m를 가리켰다.

차나무의 수령은 그렇게 오래되어 보이지 않았으며 소엽종이 아니라 중엽종에 가깝게 느껴졌다. 조금 전 차창에서 마셨던 몽정감로차는 분명 소엽종이었는데, 찻잎을 자세히 살펴보니 놀랍게도 바로 고산차(高山茶)였다.

산 입구와 차밭이 있는 정상 부근의 해발 차이가 1,000m나 되니 중엽종이면서도 많이 자라지 못하고 싹과 잎의 차이가 뚜렷한 고산차였다. 가슴이 마구 뛰었다.

산 입구에는 비가 왔었는데 정상에는 해가 나와 있었다. 그래도 오전에 비가 왔는지 길이 미끄러워 차밭에서 두 번이나 미끄러졌다. 미끄러지며 카메라를 다치지 않게 하려다 나무에 목이 많이 긁혔다. 그래도 카메라가 무사하니 개의치 않고 셔터를 눌렀다.

고산차라고 하면 단순히 높은 산에서 생산되는 차라고 알고 있는 사람들이 많은데 만약 그렇다면 해발 1,000m 이상 2,000m 정도에서 생산되는 윈난성의 차들은 전부 고산차라고 불러야하지 않을까? 그런데 그렇게 불려지지 않는다. 그 이유는 무엇일까?

고산차가 되려면, 멍띵산의 경우처럼 차밭의 환경이 일반적인 환경과 기온 차이가 생겨서 차나무의 생장에 영향을 끼쳐야 한다. 같은 지역 안에서 기온 차이가 생기려면 해발의 차이가 생겨야 하는데, 윈난성은 원래 고원지역[24]이기 때문에 윈난성 전체의 해발이 높은 것이지, 차밭이 위치한 곳의 해발이 차나무의 생장 환경에 영향을 끼칠 정도의 차이는 나지 않는다. 그렇기 때문에 해발이 높은 곳에 차밭이 있다고 해서 고산차라고는 하지 않는다. 생장 환경에 영향을 끼쳤다고 하면 사진에서처럼 첫 번째 싹과 두 번째 잎의 차이가 현저히 생겨야 한다. 그렇기 때문에 사진에서처럼 첫 번째 싹과 두 번째 잎의 크기 차이가 생기지 않았다면 고산차라고 볼 수 없다.

---

24) 윈난성의 성후이 쿤밍의 해발은 1900m 이다.

첫 번째 싹과 두 번째 잎의 차이가 현저한 고산찻잎

그렇다면 위의 사진에서처럼 첫 번째 싹만을 채엽해서 만드는 몽정황아와 몽정감로 등이 고산차인지 어떻게 구별할 수 있을까? 안타깝게도 그 차들의 완성된 모습을 보고 고산차 여부를 알 수 있는 방법은 없다.

그렇기 때문에 싹만을 채엽해서 만드는 몽정황아와 몽정감로, 그리고 죽엽청(竹葉青 주예칭) 등이 고산차이면서도 고산차라는 이름을 붙이지 않는 이유가 아닐까 생각한다. 만약 싹과 다음 잎을 함께 채엽해서 차를 만들었다면 당연히 고산차임을 알 수 있겠지만 말이다. 그런데 고산차라고 불리는 대표적인 차가 있다. 바로 타이완의 대표 청차(青茶)인 이산 오룽(梨山烏龍 리산우룽)과 아리산 오룽(阿里山烏龍 아리산 우룽) 등이 바로 고산차다.

청차는 봄날 찻잎이 처음 올라올 때 채엽을 하는 것이 아니라 녹차를 만드는 찻잎에서 보름 정도 키워서 채엽을 한다. 특히 고산 청차의 찻잎 모습은 아래 사진과 같다. 해발의 차이에 의해 생장 환경의 변화로 싹과 다음 잎의 크기가 현저하게 차이가 나는 것을 볼 수 있다. 이것이 고산차의 특징이다.

01

02

01 첫 번째 싹과 두 번째 잎의 차이가 현저히 보인다.
02 자세히 보면 흰 점이 보인다.

완성된 차에서 보면 말려있는 중간에 흰 점이 보이는데 펼쳐진 엽저(葉底)25) 를 보면 그 흰 점이 바로 가장 어린 싹인 것이다.

고산 청차는, 싹을 제외한 다음 잎과 그 다음의 잎은, 햇볕을 많이 보아 차엽의 색변화를 주도하는 '티 폴리페놀'(tea polyphenol)의 함량이 증가하기 때문에 제다 과정 중에 진녹색으로 변한다. 해발 차이의 특징에 의해 막 올라온 싹은 햇볕을 덜 보았기 때문에 찻잎이 가지고 있는 아미노산 성분이 상대적으로 많고 싹을 감싸고 있는 솜털(白毫)에 의해 완성된 차에서는 흰 점으로 보이게 된다. 이 부분이 청차에서 말하는 고산차의 특징 중 하나이며, 완성된 차에서 싹이 흰 점으로 보이는 이유다.

만약 완성된 차에서 흰 점이 보이지는 않지만 엽저를 보았을 때, 첫 싹과 다음 잎의 차이가 현저하게 보인다면 봄에 만든 차가 아니라 여름에 만든 차이거나 혹은 가을에 만든 차일 가능성이 높다. 그렇다고 여름에 만든 차나 가을에 만든 차가 품질이 떨어지는 것은 아니며 향기는 봄에 만든 청차보다 오히려 좋으나 맛은 다소 떨어진다고 볼 수 있다.

그렇다면 위에서 말한 계절에 의한 향미의 차이는 왜 생기는 것일까?

그것은 햇볕의 강약과 차나무의 물질대사와 깊은 관계가 있기 때문이다. 햇볕이 강하고 일광의 양이 많으면 탄소대사와 당류의 합성에 유리하며 티폴리페놀의 증가로 쓰고 떫은 맛이 증가하지만 향기 성분도 함께 증가하게 된다. 때문에 녹차보다 햇볕을 많이 받고 자란 청차의 향기가 뛰어난 것이다.

반대로 일광이 약하고 운무가 많이 낀 날의 햇볕은 질소대사에 유리하

25) 차엽이 물에 담긴 상태 혹은 차를 마시고 난 뒤 물에 젖은 차엽

기 때문에 아미노산, 카페인 등의 함량이 증가하게 된다. 품질 좋은 말차(抹茶 가루녹차)를 생산하기 위해 차광(햇볕을 가림)재배를 하면 아미노산의 증가로 감칠맛이 풍부해지는 것은 이런 이유 때문인 것이다. 그래서 청차보다는 녹차의 감칠맛이 뛰어나며 고산차인 타이완의 이산오룡과 아리산 오룡 등은 위 두 부분의 특징을 모두 가지고 있기 때문에 향미가 풍부한 것이다.

또한 '운무가 많이 생기는 차밭이 좋다.' 라는 것은 운무가 햇볕을 가려 차광의 효과가 있다는 것이 이유가 되겠다.

몸이 엉망진창이 되었다. 신발은 진흙투성이에 옷은 흙탕에 땀은 비 오듯 흘렀다. 그래도 고산차를 카메라에 담았다는 생각에 마음은 날아갈 듯 가벼웠다. 차밭을 내려와 다시 황차원으로 가니 방송 카메라와 인터뷰를 하는 사람들이 보였다. 잠시 쉬며 그들의 모습을 보고 있으니 인터뷰하는 사람이 황차원 안의 일곱 그루 차나무가 1,800년 정도 되었다고 했다.

아마도 TV 방송용으로 촬영하는 것 같았는데, 사실과 다르게 보도되면 안 될 것 같다는 생각이 들어 다가가 한마디 말을 거들었다. "이 차나무는 1,800년 된 것이 아니라 아마 옛적 그 차나무의 종자를 받아 이어왔거나 아니면 이식을 한 것이지 정말 그렇게 오래 되었다면 이런 모습일 수 없다." 라고 했다. 그랬더니 모든 사람들이 내 이야기를 의아해하며 "당신이 그것을 어떻게 아느냐?"고 물었고 나는 하는 수 없이 이야기를 했다.

지난 5년간 중국에 살며 중국차의 제다를 공부한 한국인이라는 것과, 현재 그것들을 정리하기 위해 중국의 명차 산지를 답사 중이라고 말했다. 그리고 노트북을 꺼내 여러 종류의 고차수(古茶樹) 모습을 설명했다. 모두들 놀라는 표정이었다. 갑자기 취재가 황차원이 아니라, 카메라의 앵글이 나

01 02

01 쓰촨성 멍띵산의 황차원
　황차원에는 한나라 때 오리진(吳理眞)이 심었다는 일곱그루의 선차(仙茶)가 있다.
　황차원은 당대(唐代)에 만들어졌으며 송나라 효종(宋 孝宗)때인 1186년 정식 명명되었다.
02 CCTV 촬영 중

에게 맞추어지게 되었다. 기자는 중국차에 왜 관심을 가지게 되었는지 중
국차의 장점은 무엇인지 등 여러 가지 질문을 했고 나는 대답을 했다.

　잠시 후, 그들이 건네는 명함을 보니 세 사람은 밍산의 공산당 간부였고
또 세 사람은 중국 관영 CCTV의 기자들이었다. 모두들 자기 나라 차에 관
심을 가지고 알리는 일을 해주어 고맙다는 인사를 아끼지 않았다.

　산을 내려와 조금 전 방문했던 차창에 들러 공장장과 멍띵산과 고산차
에 관한 이야기를 조금 더 나누었다. 공장장은 멍띵산을 넘어가면 이어진
산 사이로 더 넓은 차밭이 있고 그 차밭에는 운무가 언제나 가득하다고 했
다. 한 가지 아쉬운 점은 몽정황아는 차의 6대 분류상 황차(黃茶)라고 되어
있는데, 현재 몽정황아의 제다 방법은 황차가 아니라 녹차의 제다 방법으
로 생산한다는 것이었다. 새롭게 발전시켰다고 생각할 수도 있지만 고산

차임을 확인하고 나니 정말 많이 아쉬웠다. 그곳의 차는 황제에게 진상했던 황차원의 차였기 때문에 예전에는 일반 백성들이 구할 수 없었던 차였음은 분명한 사실이었다. 공장장에게 작별 인사를 하고 길을 나섰다.

다음날은 쓰촨성의 대표 녹차 중의 하나인 죽엽청의 생산지인 어메이산으로 갈 계획이었다. 야안(雅安)까지는 왔는데 시간이 너무 늦어 버스가 없었다. 하는 수 없이 그곳에서 하루를 묵어야 했다. 버스정류장에서 여관의 호객꾼들이 자신들의 여관을 홍보하느라 끈질기게 따라 붙었다. 그들을 따돌리고 정류장과 조금 떨어진 곳에 숙소를 정했고 카메라에 담긴 사진을 노트북에 옮겼다.

촬영 기술이 부족해서 만족할 만한 사진은 별로 없었지만, 그날은 고산 찻잎 모습을 카메라에 담았다는 것만으로도 가슴이 벅차 모든 피로를 잊을 수 있었다.

'여행 전문가들도 그런 감동들로 피로를 잊고 힘을 얻겠지?'

중국의 차 관련 서적들을 보면 몽정감로는 밍산이 산지며 몽정황아는 야안이 산지라고 나와 있는데 밍산은 야안시에 붙어있기 때문에 그렇게 나눌 필요가 없다. 몽정차(몽정황아, 몽정감로)는 멍띵산을 중심으로 해서 생산되며 멍띵산은 밍산씨엔(名山縣)에 있음을 새롭게 쓴다.

흐이바오산 黑包山의
죽엽청

그날은 세계문화 유산인 러산따푸(樂山大佛)를 거쳐 죽엽청의 생산지 흐이바오산(黑包山)으로 갈 계획이었다.

러산(樂山)행 버스를 탔다. 야안에서 3시간의 거리였다. 러산에 도착해 러산따푸로 갔다. 입장료 40콰이와 러산따푸를 보기 위해서는 내부에서 36콰이 하는 표를 더 사야한다고 했다.

입구에는 유네스코에서 지정한 세계문화유산 표지가 있었다. 민찌앙(岷江)이라는 강이 그 앞을 흐르는데 호객꾼이 그곳에서 보면 러산따푸가 더 잘 보인다며 배를 이용하라고 했다. 내 생각에도 그게 더 나을 것 같아 배를 타기로 했다.

배 안에는 한 무리의 일본 관광객들이 있었고 그들은 한 눈에도 질서를 잘 지키고 있었다. 배의 선원은 러산따푸 앞에 멈춰 서서 사진 촬영을 하기에 가장 좋은 곳을 골라 부처의 조각상을 배경으로 즉석 사진을 찍어 관광수입을 올리느라 여념이 없었다. 부처님의 위력이 대단한 것인지 불상

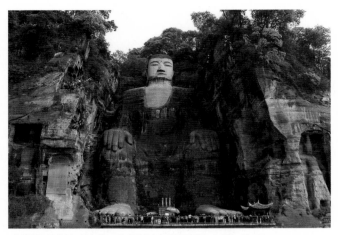
세계문화 유산인 러산따푸. 당대(唐代)에 건립되었고 높이는 71m다

의 위력이 대단한 것인지 알 수 없지만, 나도 몇 컷 촬영을 했다. 스쳐지나가는 것이 아니라 기회가 된다면 답사를 꼭 해보았으면 하는 생각을 하며 어메이산행 버스를 탔다.

어메이산 지역에서 최고의 차밭이라고 하는 흐이바오산의 차밭, 그곳에는 쓰촨성의 대표 녹차 중의 하나인 죽엽청이 생산된다.

어메이산 버스 정류장에 도착해 영업용 오토바이를 불러 흐이바오산으로 향했다. 한참을 달려 산 입구쯤에서 오토바이 기사는 길을 물어보았다. 출발 할 때는 잘 안다고 했는데 자신도 그곳은 처음이라고 했다.

산길에 접어드니 오토바이가 제대로 달리지를 못했다. 하기야 혼자 오르기도 힘든 곳에 배낭의 무게가 20kg이 넘으니 힘겨워 하는 것도 당연했다. 오토바이는 배낭을 싣고 나는 병영의 극기 훈련처럼 뛰며 걸으며 산을 올랐다.

기온은 25℃, 산 아래의 해발은 480m, 흐이바오산 중턱의 해발은

1,000m 가량 되었다. 배낭을 실은 오토바이는 산을 제대로 오르지 못하고 결국 배낭을 떨어뜨리고 말았다. 노트북이 걱정 되었고 땀은 비 오듯 흘렀다.

민가가 드문드문 보였지만 숙박할 곳은 찾을 수 없을 것 같았다. 해가 곧 질 것 같아 급히 차밭을 관찰했다. 차나무는 멍띵산의 차나무와 찻잎의 상태와 모양이 같아 보였고 흐이바오산의 성장이 좀 더 왕성함을 볼 수 있었다.

몇 컷 촬영을 하고 흐이바오산을 내려오며 보니, 산 아래에서 차엽을 수매하는 사람들이 보였다. 그 중 한 사람에게 당신 집에서 오늘 밤 숙박하며 차 만드는 걸 좀 보고 싶다고 하자 그는 미소를 띠었다. '그래 갈 수 있겠구나' 싶어 고생한 오토바이 기사에게 20콰이를 더해 50콰이를 건네고 돌려보냈다. 차엽 수매가 끝나기를 기다리며 그 사람에게 시선을 놓지 않았다.

잠시 후, 그에게 다시 이야기를 하니, 그날은 다른 날보다 차엽 수매를 많이 했기 때문에 바빠서 안 되겠다 라며 다른 곳을 안내해 주었다. 그 사람의 집에 갈 수 있을 것 같아 오토바이를 돌려보냈는데, 어떻게 해야 할지 무척 난감했다. 차엽을 팔려고 온 사람도 차엽을 수매한 사람도 모두 사라져 버려 순간적으로 텅 비어버린 공간, 혼자 버려진 느낌이었다. 하지만 다시 힘을 내어 조금 전 그가 안내해준 곳을 찾기 위해 걸었다.

그날은 늦잠을 잔 탓에 아침을 굶었고, 점심은 빵 한 조각과 콜라 한 병으로 해결했기 때문에 허기가 들어 걸을 힘이 없었다. 걷다 쉬다를 반복하며 2시간 만에 마을에 도착했다. 그가 얘기한 집을 찾아가니, 새벽 2시쯤에 차를 만든다고 그때 다시 들르라고 했다. 오라고 하는 것만 해도 다행이었다. 급하게 숙소를 정하고 식사를 하고나니 저녁 10시가 되었고 몸은

01

02

01 죽엽청 차엽

02 탄방기에서 탄방, 홍차의 위조기를 응용한 탄방기가 특별히 눈
　에 들어왔고, 우리나라에서도 사용하면 좋겠다는 생각을 했다.

천근만근 피로에 지쳐있었다. 새벽 3시에 들르겠다고 했으니 4시간 정도는 잘 수 있어 자리에 누웠지만 종아리와 어깨가 심하게 욱신거려 잠을 제대로 이룰 수가 없었다.

새벽 2시 30분, 맞춰 놓은 핸드폰의 알람이 시끄럽게 울렸지만 일어나기가 무척 힘이 들었다. 죽엽청 역시 몽정황아와 같은 제다 방법이라고 들었기 때문에 별 다른 건 없겠지만 언제나처럼 새로운 제다를 만난다는 설렘이 있었다. 카메라를 챙겨들고 숙소를 나왔다.

이슬비가 살포시 내렸고 어두움이 짙어 고요는 더욱 깊었다.

약속한 대로 소규모의 가내 차창을 방문하니 죽엽청 만들기가 한창이었다. 아주 어린 차엽을 탄방하는 모습, 살청을 하는 모습, 건조를 하는 모습.

죽엽청도 예상했던 과정을 거친다는 것을 확인했다. 몇 컷 촬영을 했고 일손이 부족한 그들의 일을 거들다 오전 6시경 숙소로 돌아와 다시 눈을 붙였다.

오전 9시경에 일어나 흐이바오산의 차 도매시장으로 갔다. 시장 입구에는 20여 명의 차농들이 그들이 직접 만든 죽엽청을 팔기 위해 모여 있었고 비는 오지 않았지만 잔뜩 흐려 있었다.

죽엽청의 가격은 훌륭한 차엽에 비하면 많이 싼 편이었다. 싹만으로 차를 만들기 때문에 제다 장비가 아주 간단했고 특히 고산차를 느낄 수 있어서 무엇보다 좋았다. 쓰촨성은 기후의 특성상 춘분이면 차가 출하된다고 하니, 전국에서 햇차가 가장 먼저 출하되는 곳임을 알 수 있었다.

차 도매시장을 거의 다 둘러보고 나오는 길에 한 상점의 주인과 눈이 마주치자, 주인이 눈웃음을 지으며 차를 한 잔 권했다. 차 시장을 구경하며 몇 잔 마셨다고 사양했지만 내 모습이 이상했든지 죽엽청을 한 잔 내놓으며 이런저런 얘기를 물어왔다. 그래서 그들이 생산하는 죽엽청에 대한 이야기를 잠시 나누었다.

첫째, 고산 녹차이기 때문에 아미노산 성분이 다른 녹차에 비해 많다는 것과 그런 고산 녹차를 다른 지역에서 접하기는 쉽지 않으며 중국에서 생산되는 녹차의 찻잎 중에서 가장 훌륭한 찻잎일 것 같았다.

둘째, 살청과 유념이 동시에 이루어지는 제다 방법과 장비가 훌륭했고 탄방 또한 인상적이었다. 싹만으로 만드는 녹차의 살청은 옆으로 흔들며 살청을 하게 된다. 또한 일반적인 제다 상식으로는 녹차를 만들 때, 차엽의 세포조직을 적당히 으깨어서 차를 우릴 때 유효성분의 침출을 쉽게 하고 특별한 모양을 만들기 위해 유념의 과정이 꼭 있어야 한다고 생각한다. 그런데 싹만으로 만드는 녹차는 평판 살청기와 같은 장비를 사용하기 때문에 유념을 한다고 해도 맞고 하지 않는다고 해도 틀리지 않는다.

그리고 황산모봉차를 비롯한 모봉차는 우리나라 녹차와 같은 모양의 차엽과 살청 솥을 사용해서 녹차를 만들지만 그 차들은 유념의 과정이 없다.

셋째, 멍띵산과 흐이바오산의 제다 방법과 장비는 우리나라에서 녹차를 만들 때 사용하면 좋겠고 홍차의 위조기를 응용한 그곳의 탄방기는 우리나라에서도 반드시 사용 해야겠다는 생각을 했다.

상점의 주인과 이야기를 나누는 사이 눈에 들어온 조그마한 차통이 앙증맞고 예뻤다. 그 차통에 죽엽청을 조금 담아 달라고 하며 많이 사지 않아서 미안하다고 했다. 상점의 주인은 그 차통에 차를 담아 중국차를 알리느라 고생을 한다는 격려의 말과 함께 그것을 내게 선물로 주었다. 50g이

01

02

01 평판 살청기
02 좌우로 흔들며 살청과 유념을 동시에 한다.

라면 몇 십 콰이는 받아야하는데 성의를 무시하는 것 같아 돈을 내지 못했
다. 손을 마주잡고 고맙다는 인사를 하고 그의 얼굴을 보니 전날 보았던
러산따푸의 은은한 미소가 흘러 나왔다.

후난성湖南省

중국최고 명차

군산은침

湖南省 Hunan

중국의 남동부 화중지구에 속하며 양즈강 중류의 남쪽에 위치해 있다. 약칭으로 湘이라 한다. 광시성(廣西省)에서 발원한 샹장(湘江)이 전 성을 관통하기 때문에 붙여진이름이다.

후난성 생산의 천량차를 비롯해 상첨차, 복전차, 화전차, 흑전차 등에 湘이라는 표시가 있는데 후난성에서 생산했다는 뜻이다.

성후이는 창샤(長沙)다. 마오쩌둥의 공산주의 혁명의 장소며, 중국 제2대 국가주석이었던 류사오치의 고향이며, 주룽지 총리도 이곳 출신이다.

주요관광지는 짱자제(張家界)를 비롯해 중국 오악(五岳) 중의 하나이며, 형산회양(衡山懷讓)선사와 마조도일(馬祖道一)스님과의 "기왓장을 갈아 거울을 만들려 한다."라는 일화가 있는 남악(南岳) 형산(衡山)이 있다. 또한 소강(瀟江)과 상강(湘江)이만나는 곳의 소상팔경(瀟湘八景)이 있다.

쥔 산 다 오 君山島의
군 산 은 침

아침에 눈을 뜨니 10시 30분이었다. 숙소가 버스정류장 옆이라 시끄러웠지만 많이 지친 탓에 눈꺼풀이 무거웠다. 숙소를 나와 웨양(岳陽)의 시가지 지도를 한 장 샀다. 지도를 보니 쥔산다오가 아니라 쥔산꿍웬(君山公園)이라고 되어 있었다.

9번 버스를 타고 그곳으로 가보니 마을에서 제방을 쌓은 아래부터 쥔산다오까지 길이 놓여 있었다. 때문에 섬이지만 우기가 되어 길이 물에 잠기지 않는다면 버스를 이용하는 것이 훨씬 편리할 듯 했다.

쥔산다오로 가는 길에 보니 주위는 평야와 호수뿐이었다. 그렇다면 부근에 차밭은 그곳 밖에 없다는 말인데…. 버스에서 내려 쥔산꿍웬의 입장료를 내고 들어가 그곳을 살폈다.

면적을 정확히 알 수는 없었지만 한 시간이면 섬 전체를 돌아볼 수 있을 정도의 조그만 섬이었고 섬 안의 언덕배기 얕은 산은 전체가 차밭이었다. 그 섬에 따주뎬(大酒店)이 있어 숙소를 정한 뒤 카메라를 들고 차창으로 향했다.

01 02

　쥔산다오의 차창은 한 곳. 그렇다면 군산은침의 진품을 생산하는 차창은 한 곳 뿐인 것이다. 그해의 햇차는 생산을 하지 않은 것 같았고, 차창은 보수공사를 하는지 공사 장비들이 널려 있었다. 차창 밖에는 민황(悶黃)을 할 때 사용했다고 여겨지는 나무상자가 퇴물이 되어 버려져 있었다. 민황 상자가 버려져 있는 것을 보니 민황을 할 때 나무상자를 사용하지 않음을 알 수 있었다. 근처에 있는 할아버지께 군산은침은 언제부터 만드느냐고 여쭈어보니, 다행히도 다음날부터 만든다고 했다.

　차창을 나오며 쥔산꿍웬의 풍경을 카메라에 담았다. 관광시즌이 아니라 아주 조용했고 차분한 풍경과 함께 잘 꾸며진 조형물들이 한 폭의 그림을 연상케 했다.

　숙소로 돌아오니 관리하는 아주머니가 밤에는 돌아다니지 말라고 했다. 중국에서는 보통 따주뎬(大酒店)이라고 하면 호텔이기 때문에 그런 줄 알았는데 알고 보니 그곳은 숙박을 할 수 있는 곳이 아니라 관광 음식점이었다. 쥔산다오에 호텔이 두 곳이 있는데 거기에서 알면 안 된다고 했다. 그 황량한 섬에서 외출 할 일도 없었지만 숙박비가 싼 것이 더없이 다행이었다.

　3월 26일, 상쾌한 쥔산다오의 새벽을 맞았다. 전날 저녁 무척 추웠고 침대에서 올라오는 습기와 곰팡이 냄새가 심했지만 일출의 아름다운 모습과 그림 같은 쥔싼다오의 풍경을 보니 기분이 무척 상쾌했다.

카메라를 들고 산으로 갔다. 오후부터 차를 생산할 것 같은데, 파릇한 새잎이 올라와 있지 않은 것이 이상해서 자세히 들여다보니 차나무의 재배 형태가 아주 특이했다. 차나무의 키는 150cm 이상 키웠고 새 싹은 차나무의 위로 올라 나오는 것이 아니라, 맨 위의 가지를 남겨놓고 아래쪽 가지들은 모두 없앴기 때문에 차나무의 줄기에서 싹들이 올라왔고 그 싹만을 채엽하는 모습이 눈에 띄었다.

'그랬구나, 그랬어! 이처럼 멋진 찻잎을 얻기 위해서는 차나무를 이렇게 키워야 하는구나!' 나의 설렘은 걷잡을 수 없었다.

03

01 쥔산다오의 풍경
02 우기(雨期)가 아닐 때는 평원이 펼쳐진다.
03 군산은침 차나무의 새싹
    찻잎을 보는 순간 몸에 전율이 일었다. 우리나라에서도 차나무를 이렇게 키우면 훌륭한 싹을 얻을 수 있기 때문이었다.

차나무를 살피고 나서 차창에 들렀다. 군산은침의 유일한 차창. 옛 시절이었으면 그곳 역시 황제께 진상한다는 어차원(御茶園)이었다. 오후부터 햇차를 만든다고 차창의 직원들은 분주하게 움직였고 나는 그 틈을 이용해 중요한 장비들을 살짝살짝 촬영할 수 있었다.

점심을 먹고 오후 2시부터 차를 만든다고 하는데, 제다 과정을 나에게 공개를 할지 촬영은 할 수 있을지 조바심이 났다. 차창 밖에서는 한 직원이 전날 봤던 민황 상자들을 부수고 있었다.

후난성 출신의 친구 왕사장이 상세하게 가르쳐 준 덕에 민황 상자를 부수는 모습과 차창 안에 있는 온도 조절기가 달린 제빵기의 오븐 같이 생긴 기계를 보는 순간, 그들의 변화된 제다 방법을 알 수 있을 것 같았다. 어떻게 제빵기를 사용할 생각을 했을까? 역시 중국 차인들의 차 만들기에 대한 창의성은 감탄할 만 했다.

시간의 여유가 있어 잠시 숙소로 돌아오니, 그곳 식당에서 일하는 아이들이 고장 난 카메라를 들고 사진을 찍는다고 야단들이었다. 전날 내 모습을 보고 사진기자냐고 묻던 아이가 카메라를 좀 봐 달라고 했다. 배터리가 거꾸로 끼워져 있었고 필름도 제대로 걸지 않은 것을 바로 해서 사진을 몇 장 찍어주니 관리인 아주머니가 자신의 카메라도 좀 봐달라고 했다. 고장이 아니라 카메라가 좀 고급이다 보니 작동을 할 줄 몰랐었나보다. 자세히 설명을 하고 아주머니께 작동을 해보라고 하니 무척이나 좋아했다.

2시를 기다리며 이런저런 생각에 잠겨있는데, 아주머니가 주점에 있는 카메라를 모두 들고 나와서 봐달라고 했다. 먼지도 털고 배터리의 상태도 보고 가지고 나온 카메라 모두 작동이 되도록 했더니 아주머니가 그날 숙박비는 받지 않겠다고 했다. 숙박비 70콰이가 그들에게 작은 돈은 아닌

사용하지 않는 민황 상자를 부수는 모습을 보았고, 살청과 민황을 함께 할 수 있는 제빵기와
같은 기계를 보면서 제다에 관한 그들의 창의성에 놀라움을 금치 못했다.

데, 카메라의 수리비라 생각했던 모양이었다.

컵라면으로 점심을 해결했고 2시부터 차를 만든다면, 차엽을 미리 가지
고 올 것이기 때문에 정오쯤 차창으로 향했다. 차창에 들어서니 기계를 막
가동시키고 있었다. 아침에 만났던 공장장이 나가라고 하지는 않았지만
나를 경계하는 눈초리였다. 혹시나 쫓겨날까 봐 카메라 가방에 손은 갔지
만 카메라를 꺼내지 못하고, 그냥 그렇게 서서 차창 사람들의 동작을 머릿
속에 또렷이 담았다. 그렇게 한참을 관찰했다.

얼마 후 느낌에 사장 같은 분이 차창에 들어왔고, 차창의 사장이냐고 물
어보니 자신은 군산은침을 사러왔다고 했다. 벌써? 하기야 군산은침의 진
품을 생산하는 차창은 중국전체에 그곳 한곳 밖에 없으니 그럴 만도 했다.
어린 싹 하나하나를 정성스레 딴 차엽은 펼쳐 널어 탄방을 했고 선별기에

서는 크기를 다시 골랐다.

잠시 후 법랑으로 만든 사각 쟁반에 탄방을 마친 차엽을 펴서 깔고 온도계가 200℃에 맞춰져 있는 오븐에 3분 정도 넣었다 꺼내니 살청이 되었다. 우리가 일반적으로 알고 있는 차엽의 모양이 아니라 싹만 있기 때문에 오븐에 넣어도 산화효소의 활동을 중단시키는 살청이 충분히 되었다. 보고나니 간단했지만 너무나 훌륭한 방법이었다.

기계가 대형 오븐이어서, 동시에 여러 개의 쟁반이 들어갔다. 정확한 무게는 알 수 없었지만 한 쟁반에 담긴 양이 대충 300g 정도 되는 것 같았

군산은침의 차엽. 어떤 이는 완두콩같이 보인다고도 했다.

고, 그렇게 세 개의 쟁반을 한 오븐에 넣었으니 대략 1,000g 정도의 차엽이 한꺼번에 살청이 되는 것 같았다.

세 번 정도 살청을 했으니, 3,000g 정도라 생각되는 살청을 마친 차엽을 모두 모아 똑같이 생긴 다른 오븐에 넣고 시간을 설정했다. 안타깝게도 그 시간과 온도가 얼마인지는 정확히 보지 못했지만, 민황을 대신한 기계라 미루어 짐작은 할 수 있었다. 모든 부분이 친구 왕사장이 가르쳐준 전통방법에서 벗어나 있었다. 하지만 전통방법과 기계 장비의 놀라운 조화에 감탄이 저절로 터져 나왔다.

쫓겨날까 봐 카메라를 들 수는 없었지만, 그들의 새로운 공정을 머릿속에 오롯이 새겼다. 공장장에게 사진을 몇 컷 부탁하자 안 된다며 사장에게 물어보라고 했다. 사무실로 갔다. 사무실에는 젊은 사장과 조금 전 그 상인이 앉아 있었다. 군산은침을 보기 위해 한국에서 왔다고 했고, 사진 촬영을 부탁했다. 그러자 군산은침은 컵 속에서 위 아래로 움직이는 차엽의 모습이 더 멋있다며 차를 한 잔 타서 시범을 보이겠다고 했다. 그리고 차창 내부는 촬영을 할 수 없다고 했다. 물론 예상한 대로였다.

차창의 장비들은 아마도 그곳 사장의 아이디어인 것 같았다. 보고 나니 훌륭한 기계들은 아니었지만 군산은침과 잘 어우러진 정말 멋진 장비를 공개하기는 어려울 듯 했다. 하지만 그 선에서 만족할 수 없었다.

차창 안의 모습과 장비들을 사장이 오기 전, 아침 일찍 몇 컷 촬영했기 때문에, 마음의 위안은 되었지만 차엽만 촬영하기로 하고 다시 차창으로 갔다. 도톰하게 생긴 아름다운 차엽을 몇 컷 촬영했고 황차 만드는 과정을 다시 관찰했다.

차창의 사장은 그해 서른이라고 했다. 일본 사람들이, 그곳에서 군산은침을 직접 사가기는 했어도, 차창 내부의 촬영은 못 하게 했다며 서운해

하는 내게 다소 위로의 말을 했다. 그러나 이미 다 보았기 때문에 전혀 서운하지가 않았다. 우연히도 때 맞춰 온 것이 감사했고 그들의 장비와 동작들을 이해한 것이 다행이었다. 다만 그처럼 훌륭한 차를 만들고 있는 그들이 부러울 뿐이었다.

좀 전에 봤던 그 상인이 전매를 한다고 했다. 그곳에서의 가격도 만만치가 않은데 도매시장의 가격은 꽤 나갈 것 같았고 진품을 만나기는 무척이나 어려울 것 같았다. 베이징(北京) 차 도매시장에서 가장 비싸게 거래되는 차가 군산은침으로 알고 있는데, 그 이유가 진품의 생산량이 너무나 적다는 것에 있음을 알았다.

샘플로 조금의 차를 구입했다. 사장에게 "쥔산다오에서 파는 군산은침

위 아래로 움직이는 군산은침. 차엽의 무게 중심이 아래에 있기 때문이다.

이 모두 가짜인 것을 안다" 라고 하자 그는 그냥 미소만 띠었다. 젊은 사장의 인상이 무척이나 밝고 좋았다. 인사를 나누고 차창을 나섰다.

쥔산다오의 독특한 차나무 재배 방법을 확인했고 차창의 새로운 기술을 이해했으니, 그곳에 더 머물 이유가 없었다. 숙소로 돌아와 짐을 정리하니 아주머니와 종업원들이 무척 서운해 했다. 지난해 만든 군산은침이지만 진품이라며 차를 한 컵 타서 내어주며 천천히 마시고 길을 떠나라고 했다.

군산은침은 도톰한 싹의 무게가 일반적인 차엽의 무게보다 많이 나가며 컵 속에 뜨거운 물을 부었을 때, 꼿꼿하게 서 있다가 아래로 내려가게 되는데 그 이유는 무게 중심이 싹의 아래에 있기 때문이며 차엽이 오르락내리락 거리는 모습이 차의 향미보다 눈을 먼저 즐겁게 했다.

숙소의 주인 아주머니께서 버스정류장까지 가방 하나를 들어주며 조심히 다니고 바가지를 쓸 수 있으니 한국 사람이라고 말하지 말라는 당부를 아끼지 않았다. 숙박을 할 때는 숙박계를 적어야 하니 그 땐 한국 사람인 걸 알게 되겠지만, 평상시 나는 산동성(山東省) 사람이라고 하며 다녔다. 아주머니께 고맙다는 인사를 하고 쥔산다오를 떠나 웨양(岳陽) 시내로 나왔다.

웨양까지 왔는데 그냥 갈 수가 없었다. 다음 날 웨양로우(岳陽樓)에 올라 쥔산다오를 바라보아야겠다고 생각했다. 저녁을 먹고 웨양로우 옆에 숙소를 정했다. 창 밖에는 비가 내렸다.

오랜만에 편안히 누워서 쥔산다오에서 알게 된 새롭고 간단하며 명료한 장비들과 절묘한 찻잎의 만남을 생각했다. 아~ 군산은침….

내리던 빗방울이 굵어져 창문을 두드리고 오롯이 떠오르는 군산은침의 제다 방법은 가슴을 두드렸다.

보았다! 그들의 신기술과 새로운 장비들을 보았다.

우리 땅에서도 얼마든지 생산 가능한 중국 제일의 차를 보았다.

웨 양 로 우岳陽樓에 서

전날 저녁 많은 비가 내리더니 숙소를 나와 쥔산다오를 바라보니 안개에 포옥 싸여 있었다. 시판(흰죽)으로 아침을 먹고 웨양로우로 갔다.

동정천하수(洞定天下水) 악양천하루(岳陽天下樓)라는 현판이 걸려있고 악양천하루답게 풍광은 무척 아름다웠고 누각은 대규모 보수공사를 하고 있었다.

웨양로우. 보수공사로 내부는 볼 수 없었지만 그곳에서 동팅후(洞庭湖)와 쥔산다오를 바라보는 것만으로도 한 편의 詩였다.

웨양로우에서 쥔산다오를 바라보며 순임금의 부인이며 요임금의 딸이었던 아영과 여영을 생각했다. 그들이 순임금을 그리워하며 흘린 눈물이 반죽(斑竹)이 되었다는 고사를 떠올리며 풍류를 즐겼던 관리와 시인들, 그들의 화려함 뒤에서 시중을 들며 드러나지 않았던 아니, 드러낼 수 없었던 백성들의 고충은 어떠했을까?

중국에서는 자신이 상층이라 생각하면 대부분 특권을 누리려한다. 간선도로에서는 사람이 우선이 아니라 자동차가 우선이고 공공장소에서도 그곳을 관리하는 이가 경찰이나 공무원도 시민들의 위에 있다. 강자한테 약하며 약자에게 강한 그런 모습을 보면 화가 난다. 하지만 나 또한 그런 관념으로부터 얼마나 자유로울 수 있을까?

창샤(長沙)에 도착하니 오후 8시가 조금 지났다. 소중한 촬영 장비들의 분실과 경비 문제 때문에 그날도 예외 없이 몇 몇 호텔을 기웃거린 다음 숙소를 정했다.

숙소에 짐을 내리고, 항저우(杭州)로 가는 기차표를 사기 위해 창샤역으로 나갔다. 한참을 줄을 섰는데 매표원은 침대표가 매진되었다고 했다. 관광시즌이 아니기 때문에 매진된 것이 아닌 줄 알면서도 돌아설 수밖에 없었다. 매표소를 돌아서 나오는데 암표상이 다가와 침대표가 있다고 했다. 규모가 큰 역에서는 흔히 있는 일이었기 때문에 그에게 30콰이를 더 주고 침대표를 구했다. 창샤 출발 상하이 행 K135 열차. 창샤에서 항저우까지의 보통 침대칸의 가격이 225콰이인데 호객꾼에게 30콰이를 주었으니 255콰이를 치른 셈이었다.

몸은 힘들어도 이동하는 대는 자신이 있었다. 버스정류장에 버스가 없어도 마음만 먹으면 언제라도 이동이 가능할 만큼 많이 다녀 본 경험 덕분이었다.

역전에서 저녁을 해결하고 숙소로 돌아왔더니, 수도꼭지가 고장이 나서 물이 나오지 않았다. 직원을 불렀더니 다음날 씻으라고 했다. 그런 뻔뻔스러움은 어디서 오는 것일까? 한참을 실랑이 한 후 방을 옮기고서야 더운 물에 하루의 피로를 녹일 수 있었다.

다음 날, 기차 출발 20분전 창샤역에 도착하니 개표를 하고 있었다. 기차에 올라 우선 짐을 선반 위에 올려놓고 잘 묶었다. 혹시나 분실을 우려해서였다. 나는 중국의 기차여행을 좋아한다. 몇 시간의 짧은 거리는 서서 가거나 앉아 가며, 장거리 여행에는 침대칸이 있다. 4명이 한 칸에 들어가는 롼워(軟臥)는 독립된 출입문이 있고 깨끗한 환경과 편한 침대가 있다.

잉워(硬臥)는 한 칸에 6명씩의 침대가 있고, 한 객차에 11칸이 있다. 독립된 출입문이 없는 탓에 다소 번잡하다. 하지만 내가 옆 사람에게 말을 걸지 않으면 아무도 간섭을 하지 않는다. 기차 여행은 덜컹거림과 소음이 있지만, 주위의 간섭 없이 혼자라는 여유로움을 느끼며 이동 할 수 있어서 조금 빠른 장거리 버스보다는 좋다.

열차표는 항저우까지 끊었는데, 저장성 찐화(金華)에 내려 그곳 차 도매 시장에 들러야겠다는 생각이 문득 들었다. 열차는 경적을 울려 출발을 알렸고 후난성을 떠나는 마음속에는 쥔산다오의 풍광과 군산은침의 차나무가 눈앞에 아른거렸다.

저장성浙江省

중국의 대표 녹차

용정차

浙江省 Zhejiang

　중국 동부의 동중국해 연안에 있는 성(省)이며 화동지구에 속한다. 약칭으로 浙이라 하며 강 이름인 浙江에서 유래했다. 중국에서 가장 발달된 성 중의 한곳이다.

　성후이는 항저우(抗州)며 남송(南宋)의 수도였다. 숭청(宋城)을 비롯해 링인쓰(靈隱寺), 류허타(六和塔)등이 시후(西湖)의 인근에 있다.

　닝보(寧波)는 섬유도시로 유명하며 불교 성지인 푸퉈산(普陀山)이 있다. 이우(義烏)에는 소상품의 세계적인 시장이 있다.

저장성 녹차를 한 눈에
찐화金華차 도매시장

찐화역에는 새벽 3시 20분에 도착할 예정이었다. 2시 30분쯤 잠에서 깨어 배낭부터 확인하니 이상이 없었다. 역무원에게 찐화에서 내리겠다고 하니, 내 차표가 항저우까지인 것을 확인하고는 찐화 차표와 바꾸어 줄 수 있느냐고 물었다. 내 입장에서는 그 차표를 바꿔줘도 아무 문제가 없지만, 그는 그 차표로 침대표를 못 구한 승객에게 팔아 40콰이를 벌 수 있었다. 차표를 바꿔준 후 평소 친절하지 않던 역무원의 과잉 친절은 오히려 미안할 정도였다.

찐화역에는 10분이 늦어 3시 30분에 도착했다. 날씨가 무척이나 쌀쌀해 온몸이 부들부들 떨렸다. 길에서 아침까지 기다릴 수 없어 역 앞의 간이 휴게소에 들어갔다. 아주 고약한 냄새가 코를 찔렀다. 여러 개의 침대에 많은 사람들이 깊이 잠들어 있고, 노동을 위한 도구들을 보니 거리에서 품을 파는 노동자들 같았다.

고약한 냄새 때문에 순간 나갈까 하는 생각이 들었지만, 그들과 내가 무엇이 다른가를 생각했다. 비록 씻기가 어려워 몸에서 냄새는 났지만 노동이라는 건전한 노력으로 사는 사람들이었다. 마음에서 냄새나는 사람들에 비하면 그 냄새가 세상의 어떤 향기보다 아름다운 향기일 수도 있을 텐데…. 추워서 몸은 떨렸고 냄새가 큰 문제가 될 수 없다는 것을 중국여행을 하며 잘 알고 있었다. 추운 날 장거리 버스로 이동을 할 때, 냄새나는 이불을 덮지 못하고 참다가 많이 추워오면 무릎까지만 덮어야지 조금 있다가는 배 부분까지만, 다시 목 아래까지만 얼굴은 덮지 말아야지 하면서도, 추위에 못 이겨 결국 얼굴까지 덮었던 기억이 떠올랐다.

그렇게도 떨어지지 않는 분별심. 내가 유명 차산지와 명차들을 찾아다니지만 좋은 차라는 것 역시 분별심이 아닐까? 차라고 하는 것이 차 그 이상의 무엇도 아닌 그저 차일뿐인데 무얼 그리 좋고 나쁨에 온갖 의미와 이미지를 부여하는지…. 나는 무엇을 비워 분별심 너머로 나아가야 할까?

새벽 6시경, 그들은 잠에서 깨어 일터로 나갔다. 나도 휴게소를 나와 차 도매 시장으로 갔다. 그곳에는 3월 말의 차 수확기여서 찐화 주변에서 생산되는 거의 모든 녹차가 총출동을 했고 햇차를 팔려고 나온 차농들로 북적였다. 난 행운아가 된 기분으로 카메라 셔터를 쉼 없이 눌렀다.

일부러 면도를 하지 않았는데 역시 그 효과가 있었다. 새벽부터 카메라를 들고 있는 나를 보더니 어느 신문사에서 나왔냐고 물었다. 그런 내 모습 덕분에 어려움 없이 마음껏 촬영할 수 있었다. 광고 사진을 찍는다고 하자 자신의 상점이 나오게 촬영을 하라며 나를 불러 세우는 상점 주인도 있었다. 그렇게 세 시간 가량, 찐화 차 도매시장에서 햇차들을 즐겁게 관찰하며 사진 촬영을 충분히 했고 다시 항저우를 향해 발걸음을 옮겼다.

01

02

01 찐화의 차 도매시장. 3월말 그곳의
   새벽은 무척 추웠다. 많은 차농들이
   자신이 만든 차를 팔기위해 이른 새
   벽부터 나와 있었다. 그들의 거래는
   개인들이 아니라 대부분 차 상인들이
   었다.
02 그곳에서 판매하는 차를 적어 놓았
   는데 글씨가 그림을 그려 놓은 듯
   했다.

01

02

04

05

찐화에서 다시 항저우로 가려면 다소 번거롭기는 했지만 찐화의 차 도매시장을 둘러본 것은 계획에 없었기 때문에, 꼭 보너스를 탄 기분이었다.

베이징과 상하이, 광저우 등 주요 도시를 제외하고 중국의 28개 성(省) 중에서 저장성의 교통이 제일 발달했다. 면적과 인구가 우리나라와 비슷하며, 성내(省內) 대부분의 도시들이 고속도로로 연결되어 있어서 찐화에서 항저우까지는 고속버스를 타고 3시간 만에 도착 할 수 있었다.

03

06

01 개화 용정차(開花 龍頂茶 카이화 룽띵차)
우리가 알고 있는 용정차(龍井茶 룽징차)와 우
리 발음은 같지만 한자와 중국 발음은 다르다.
저장성의 대표적인 녹차 중의 하나다.

02 반호차(蟠毫茶 판호차)
글자의 뜻과 같이 백호가 두르고 있는 녹차다.

03 모봉차(毛峰茶 마오펑차)
살청 후 유념의 과정이 없다. 대표적인 모봉차
로는 안후이성의 황산모봉차가 있다.

04 안길 백차(安吉 白茶 안지 바이차)
백호로 감싸져 있어 백차로 알지만 자세히 보
면 백호 뒤에 살청을 했기 때문에 녹색이 보인
다.

05 은호차(銀毫茶 인호차)
안길 백차와 같은 품종이며 안길 백차는 유념
이 없는 반면 은호차는 약하게 유념을 했다.

06 푸젠성 쩡허의 백차 백모단.
살청을 하지 않기 때문에 차엽의 색변화가
뚜렷이 보인다.
백차로 알고 있는 은호차나 안길 백차, 녹차와
비교해 보면 확연한 차이가 있다.

항저우(杭州)!

중국의 차라고 하면 대표차인 용정차(龍井茶 룽징차)가 가장 먼저 떠오르
고 용정차하면 시후(西湖)가 있는 항저우가 떠오른다. 남송(南宋)의 수도였
으며 도시 한 가운데 있는 아름다운 시후는 인공으로 조성했다고 한다. 중
국 역사 속의 많은 시인들이 시후에서 노래했으며, 특히 적벽부로 유명한
소동파는 항저우를 대표하는 시인이다.

시후의 서쪽에는 스즈펑(獅子峰)이 있는 롱징춘(龍井村)과 중국 차엽 박물관이 있다. 차인이라면 한 번쯤 살고 싶다는 생각을 일으키는 아름다운 차의 도시 항저우.

나와의 인연도 참 많은 곳이다. 중국차를 공부하기 위해 가장 먼저 찾았던 중국 차엽연구소, 가족같이 지내는 친구 간민(甘民)과의 인연, 전각 명인 써우강(壽剛)과의 인연 등 2001년 국제 차 문화행사를 마치고 이국만리에서 혼자라는 것을 무척 힘겨워 했던 일이 생각났다. 그 때 시후는 내 마음을 위로라도 하듯 석양의 아름다운 빛을 자신의 물결 위에 비춰주었던 기억이 주마등처럼 스쳐지나갔다.

01

02

01 항저우의 시후
02 중국 차엽박물관

용정차龍井茶의
고향 항저우

새벽에 일어나 오전 6시 30분경 롱징춘에서 스즈펑 쪽으로 산을 올랐다. 첸룽(乾隆) 황제가 심었다는 18과의 차수가 있는 곳은 지난해 공사가 한창이더니 아주 깔끔하게 변모해 있었고 찻잎을 따는 많은 사람들이 보였다. 차나무는 우리나라 소엽종보다는 조금 큰 용정 품종이며 싹이 올라오며 벌어지는 전형적인 녹차의 모습이었다.

스즈펑의 정상에 오르니 앞산 넘어 시후가 아련히 보였다. 날씨가 좋았으면 멋진 풍경이 되었을 텐데….

주위에서 찻잎을 따는 아주머니가 곧 비가 올 것 같으니 촬영을 빨리 마치고 산을 내려가라고 했다. 당장은 괜찮을 것 같아 맞은편 산으로 향했다. 산길을 따라 메이쟈우(梅家塢) 정상의 정자에 도착해 앉으니 바람은 시원하고 풍경은 더없이 아름다웠다. 비가 올 것 같아 산을 내려와 메이쟈우 마을에 도착하니 차 만들기가 한창이었다.

01

02

04

03

01 건륭황제가 심은 18과의 차나무
02 채엽하는 할아버지
　　제다에서 채엽이 가장 중요하다고 생각한다. 어떤 차를 만들 것
　　이냐고 할 때, 그것에 맞는 채엽이 먼저이기 때문이다. 평생 찻
　　잎 따기를 해 오신 할아버지의 모습에서 선(禪)의 경지를 느꼈다.
03 서호용정차의 차나무
04 찻잎 따는 아주머니들
　　항저우 분들이 아니라 모두 꾸이저우성(貴州省)에서 품을 팔러
　　왔다고 했다.

메이쟈우의 거리에서 용정차를 만드는 차농들의 모습을 관찰했고 정오가 지나 친구 간민의 집으로 갔다.

연락도 않고 불쑥 나타났지만, 그의 가족들은 모두 반갑게 맞아주었다. 그는 친구가 아니라 중국에 사는 가족과 같다. 우연히 알고 지내기를 벌써 5년, 항저우에 가면 대부분 그의 집에서 지냈다. 아버지는 링인쓰(靈隱寺)에서 차를 팔고 어머니는 40년째 용정차를 만드셨다. 그도 어머니와 함께 용정차를 만들며 그의 부인은 링인쓰(靈隱寺)의 관광안내를 하며 둘 사이에는 씩씩한 아들도 한 명 있다.

간민의 집에도 차 만들기가 한창이었고 용정차 특유의 차향이 후각을 자극했다. 짐을 풀고 나니 오전에 촬영한 사진이 좋지 못해 마음이 조금 바빠졌다. 그래서 곧장 중국차엽박물관(中國茶葉博物館)으로 갔다. 지난해에는 들리지 않았는데 내부공사를 새로 한 것 같았다. 많이 바뀐 모습이 새롭게 느껴지기는 했지만 무언가 엉성한 느낌은 지워지지 않았다. 그러나 차와 관련한 다양한 볼거리가 있고, 특히 차의 분류를 잘 정리해 놓은 것이 인상적이었다. 우리나라 차인들도 항저우에 가면 중국차엽박물관 견학을 하면 좋을 것 같다는 생각이 들었다.

저녁은 오랜만에 간민의 가족들과 정이 듬뿍 담긴 따듯한 밥을 먹었다. 식사 후 마신, 친구 어머니께서 만든 용정차는 40년을 한결같은 마음으로 만들어 온 어머니의 손맛이 배어있어 고향의 향수를 불러오게 했다.

차를 마시며 친구는 용정차 산지에 대한 이야기를 해주었다.

서호용정차 중 최고라고 이야기하는 사봉용정차(獅峰龍井茶)가 생산되는 스즈펑은 롱징춘의 한 봉우리며 윙쟈산(翁家山)은 메이쟈우의 뒷산이고 상티엔주(上天竺)는 링인쓰의 산상(山上)이다. 그러므로 서호용정차의 산지는 롱징지구, 메이쟈우지구, 링인쓰지구 이렇게 셋으로 나누어진다.

특히 그곳에서 생산되는 용정차 중에서, 품질이 가장 뛰어나다고 하는 차의 차밭은 모두 산의 정상 부근에서 이어져있으며 해발은 350~400m 정도였다.[25]

그리고 대부분의 차 관련 서적들에는 윈치(雲棲)와 후파오(虎跑)도 용정차의 생산지라고 적어놓고 있는데 윈치와 후파오에서는 용정차가 생산되지 않는다. 항저우 사람들은 용정차를 후파오첸(虎跑泉)의 물로 마시는 것이 가장 좋다고 얘기하며 후파오첸의 달고 맑은 물을 천하제삼천(天下第三泉)이라고 한다.

항저우에서 많은 시간을 보낼 수 없는데 전날 밤 비가 많이 내려 걱정이었다. 사진 촬영을 위해 다시 롱징춘으로 갔다.

01

02

26) 서호용정차 중에는 사봉용정차라고 하여, 롱징춘의 가장 윗마을에서 생산하는 용정차를 최고의 용정차라고 이야기 하는데, 사자봉과 용정촌은 떼어 놓을 수 없는 한 마을이기 때문에 그렇게 이야기 하는 것은 곤란하다.

롱징춘의 마을 입구에서 완성된 용정차를 수매하는 사람들이 보였다. 그
곳에서 생산되는 용정차는 워낙 유명하고 생산량이 많지 않기 때문에 마
을에서 직접 수매를 하고 포장에도 신경을 써서 롱징춘의 용정차라는 지
역 브랜드 가치를 높이는 듯했다. 수매를 맡은 사람이 차농들이 만든 용정
차를 신속하고 정확하며 아주 매섭게 등급을 매기는데 아무도 이의를 제
기하지 않았다. 얼마나 재빠른지 내 눈은 그들의 신속함을 따라가지 못했
고, 등급을 정해놓은 용정차를 천천히 살펴보고 나서야 그들의 정확함에
감탄이 나올 정도였다. 또한 등급을 매기는 품평 전문가들의 실력만큼이
나 일률적으로 용정차를 만들어 내는 그곳 롱징춘 차농들의 제다 실력 역
시 대단하다고 생각했다.

04

03

01 산위 차밭에서 바라본 메이쟈우
마을
02 서호용정차가 생산되는 마을은 이
처럼 산의 정상에서 연결되어 있
다.
03 롱징춘의 차농들이 여유 있게 용
정차를 만들고 있다.
04 롱징춘에서는 완성된 용정차의 등
급을 매겨 수매했다.

차밭을 따라 롱징춘을 지나 스즈펑 쪽으로 산을 올랐다. 날씨는 잔득 찌푸려 있었고 산을 오를수록 운무가 가득했다. 사진 촬영을 했지만 좋은 사진은 나오지 않을 것 같아 산을 내려와 다시 메이쟈우로 향했다.

링인쓰 쪽과 도로가 연결된 뒤로는 마을 전체에 변화가 많았다. 큰 길옆의 집들은 새로 증축을 많이 했고, 예전에 없던 차 상점들도 여기저기 생겨 있었다. 용정차의 생산은 현재 메이쟈우가 롱징춘보다 더 많다고 했다.

메이쟈우에서 용정차의 정통 제다법을 구경하다가 운 좋게 주은라이(周恩來) 기념관을 구경할 수 있었다. 다음 날부터 보수작업을 한다고 했다. 차분한 정원이 있고 내부의 기둥과 문들에 조각이 잘 새겨져 있는 예술적이지만 화려하지 않은 주은라이를 닮은 항저우의 고가(古家)를 잠시 구경했다. 용정차는 중국을 대표하는 녹차답게 국가 예품차(禮品茶)를 만들어 중국 정부에 납품을 하는데 주은라이 기념관에서 운 좋게도 예품차를 만드는 마음씨 좋은 아주머니를 만났다. 아주머니의 민첩한 손동작은 일품이었으며, 그 분이 만든 용청차의 색상 또한 연한 녹색을 띠고 있어서 눈길을 사로잡았다. 아주머니께서 내게 외국의 차인을 만났다며 중국 국가 예품의 용정차를 우려 주셨다. 가격은 한 근(500g)에 1000콰이로 만만치 않았지만 싱그러운 향미의 그 차는 무척 훌륭했다.

날씨가 흐려 사진 촬영은 제대로 못했지만, 친구 간민 같은 평범한 차농들이 만든 용정차와 국가 예품의 용정차를 비교할 수 있는 좋은 기회가 되어 뜻 깊은 하루였다.

'보기 좋은 떡이 먹기도 좋다.' 라는 속담처럼, 예품의 용정차는 보기에 참 좋았다. 그들의 기술적인 차이는 크지 않다고 본다. 다만 달구어진 솥 안에서 살청과 유념, 건조가 모두 이루어지는 초청녹차(炒靑綠茶)의 특징상 솥의 온도가 아주 중요하다. 그런데 예품을 만드는 분은 살청을 마치고 용

01

02

01 국가 예품차를 생산한다는 증서
02 예품의 용정차. 다른 용정차와 비교해 색상이 특히 밝았다.

정차 제다의 특징인 두(抖), 탑(搭), 탁(拓), 날(捺), 솔(甩), 조(抓), 추(推), 구
(扣), 압(壓), 마(磨)[27], 즉 들어 올려 흔들고, 때리고, 누르고, 문지르는 등의
동작이 이어질 때 솥의 온도가 전통방법을 고수하는 그곳의 차농들보다
조금 낮으면서도 용정차의 특별한 향미를 놓치지 않는 그 분만의 특별한
노하우가 있는 듯했다.

　메이쟈우 녹차원 뒤의 차밭을 촬영하고 내려오니 한국에서 온 관광객들
의 반가운 목소리가 들렸다. 촉촉이 내리는 이슬비와 운무 속에 가족들 생
각은 더해갔다. '다음날도 비가 온다는데 어쩌지? 그럼 먼저 이씽(宜興)으
로 가자. 자사호(紫沙壺)는 비가와도 실내에 있으니 사진은 찍을 수 있겠
지.' 그곳에서 비가 그치면 난징(南京) 우화차(雨花茶)를 만드는 장 사장의
차창에 들렀다가 다시 항저우로 오기로 마음을 먹고 간민의 집을 나섰다.

27) 두(抖) 떨 두 떨어 흔들다, 탑(搭) 탈 탑 치다 때리다, 탁(拓) 밀칠 탁 확장시키다, 날(捺) 누를
　　날 누르다, 솔(甩) 던질 솔 던지다, 조(抓) 긁을 조 움켜쥐다, 추(推) 옮을 추 받들다, 구(扣) 두
　　드릴 구 두드리다, 압(壓) 누를 압 누르다, 마(磨) 갈 마 문지르다.

01

02

03

01 용정차를 만들 때, 살청을 제외하면 빠른 동작을 필요로 하는 것이 아니기 때문에
혼자서 불을 조절해도 숙련이 되면 여유 있게 차를 만든다.
02 차 솥 위에 차유가 놓여 있다.
용정차를 만들 때, 차 솥이 매끄러워야 하기 때문에 차유를 몇 번 바른다.
03 영화배우 존 웨인을 닮은 할아버지의 여유 있는 모습이 인상적이었다.

장쑤성江蘇省

초청녹차炒靑綠茶

우화차

江蘇省 Jiangsu

중국의 동부 양즈강 하류에 위치하며, 양즈강이 바다로 향하는 강해(江海) 지역으로 화동지구에 속한다. 약칭은 蘇라 하며, 성후이는 난징(南京)이다. 삼국시대 오(吳)나라의 수도였으며, 주원장 시대에 명나라의 수도였다. 중국에 현존하는 성문 중에서 가장 큰 규모를 자랑하는 중화문(中華門)이 난징에 있다.

저우언라이(周恩来)가 장쑤성 출신이며, 서예가 쩡반쵸(鄭板橋) 역시 이곳 출신이다. 타이후(太湖)가 유명하며, 명승지로는 쑤저우(蘇州)의 원림(園林) 중 9개의 정원이 세계문화유산에 등재 되어 있다.

공예미술사
웬 리 씬 袁立新

항저우 북부 정류장에서 오후 5시 40분 버스를 타고 이씽(宜興)으로 향했다. 우리나라에서는 자사호(紫沙壺 저샤후)의 산지가 이씽(宜興)으로 알고 있는데 쨩쑤성 이씽씨엔(宜興縣) 띵산쩐(丁山鎭)이라고 하는 곳에 자사호를 만드는 요장(窯場)과 공방들이 있다. 이씽 시내에는 상점들은 있으나 자사호를 만드는 곳은 거의 없다.

2000년에 이씽 근처에 있는 홍웨이차창(紅衛茶廠)에서 초청녹차인 벽라춘(碧羅春 삐뤄춘)과 우화차 그리고 이씽 홍차를 만들며 그곳에서 많은 시간을 보냈다. 그 후 매년 봄이면 그곳에 들러 초청녹차와 홍차의 제다 기술을 익혔다. 홍웨이차창에서 지낼 때 비가 와서 일이 없거나 일찍 마치는 날에는 어김없이 자사호의 공방이 있는 띵산(丁山)에 들러 몇 몇 친구를 사귀었고 그들의 공방에서 차를 마시며 자사호를 감상하곤 했다.

이씽으로 가는 길이 조금 달라져 있었다. 지난해에 보니 공사가 한창이더니 고속도로가 완공 된 모양이었다. 예전에는 항저우에서 이씽으로 가는 길에 안길백차(安吉白茶 안지바이차)의 생산지인 안지(安吉)로 지나갔었는데, 고속도로를 이용하니 안지를 경유하지 않았다.

안길백차는 이름은 백차지만 녹차에 속한다. 백호(白毫)가 많이 붙어있는(p.118 사진) 모양과 색상이지만, 백차(p.183 사진)와는 확연한 차이가 있다. 차나무의 품종이 대백종으로, 백호라고 하는 솜털이 찻잎 뒷면에 많이 붙어있다. 그리고 안지는 차의 생산지보다는, 죽공예품(竹工藝品)의 중국 최대생산지 중의 한 곳이다. 그렇게 안지를 지나지 않고 고속도로를 이용하니, 평상시 2시간 걸리는 거리를 비가 오는데도 1시간 30분 만에 도착했다.

띵산에 도착해 바로 첸쩡즈샤(全正紫沙)로 갔다.

첸쩡즈샤의 찐첸따(金全大) 형. 그는 중국자사호의 최고 명장인 허또훙(何道洪) 선생의 양아들이며 형수인 웬리씬은 공예미술사로 허또훙 선생의 제자다. 2000년에 훙웨이차창에서 일할 때 첸쩡즈샤에 자주 들렀었다. 그때 찐꺼(金兄)는 외국인인 내게 각별한 관심을 보여주었고 자사호에 대해

허또훙선생과 웬리씬

134

서도 친절히 가르쳐준 고마운 형이다. 그리고 그는 프랑스 배우인 알랭들롱을 닮아 보기 드문 미남으로 정이 많은 분이다.

밤이 늦어 다음날 다시 만나기로 하고 숙소를 정했다. 비는 계속 내렸고 쨩쑤성의 하루는 그렇게 시작됐다.

전날 내리기 시작한 비는 그칠 줄 몰랐다. 8시 30분쯤 숙소를 나서니 찐꺼가 아침을 함께 먹자며 데리러 오고 있었다. 아침 식사를 하고 찐꺼의 매장에서 차를 마셨다. 형수 웬리씬이 만든 작품들을 타이완의 차창에 납품하고, 그곳에서 생산한 최상품의 오룡차(烏龍茶 우롱차)를 선물 받았다며 내어준 오룡차의 향기에 피로가 달아나는 듯 했다. 차향을 감상하는데 찐꺼가 말을 꺼냈다.

한국인 한 분이 자사호 매장을 한국에서 열기 위해 찾아왔다고 했다. 그분은 오픈할 매장의 도면을 들고 와서 형과의 거래에 대한 이야기를 했고 형은 그분이 들고 온 도면을 보고 나름 수정을 해주었다고 했다. 그런데 얼마 후, 아무런 소식도 없이 발길을 끊었다고 했다. 그분 나름의 사정이 있었겠지만, 한국 상인들을 만날 때는 신중하라는 이야기를 형에게 했다. 나도 한국인이면서 그런 얘기를 한다는 것이 부끄러웠다.

하지만 그곳은 한국인들의 왕래가 많지 않기 때문에, 한국인들에 대한 좋은 인상이 있지만 칭다오(靑道)나 웨이하이(威海), 썬양(瀋陽) 등 한국 사람들이 많이 드나드는 곳에서는 한국 사람들에 대한 인상이 그다지 좋지 못함을 알기 때문이었다.

잠시 후 찐꺼의 매장 첸쩡즈샤에 진열된 웬리씬의 작품들을 촬영했다. 비는 그칠 줄을 모르고 다음날도 비소식이 있었다. 띵산의 자사호 매장에

웬리씬의 자사호

는 가깝게 지내는 분들이 많지만 비오는 날 들리면 불청객이 될 것 같아 들르지 않았다.

　비가 와서 찻잎을 따지 못해도 '차 만드는 사람이 차창에 있어야지' 라는 생각에 찐꺼의 매장을 나와 홍웨이차창으로 향했다.

장쑤성의
우화차

장(張) 사장의 홍웨이차창으로 갔다. 그곳에 도착해서 보니 부속건물을 새로 증축해 아주 깔끔해졌다. 그런데 수작업을 하는 솥이 그쪽에 있었기 때문에 순간 놀랐지만 다행스럽게도 그곳은 그 모습 그대로였다.

반갑게 맞아주는 장 사장에게 우화차의 수제작하는 모습을 제대로 촬영해야 한다고 하니, 사진작가도 수입이 괜찮다는 농담을 하며 다음날 비가 와도 찻잎을 따서 촬영 할 수 있도록 하겠다고 했다.

저녁 식사 후, 장 사장과 차에 관한 많은 이야기를 나누었다. 그는 내 노트북의 사진을 보며 미생물 발효차에 관해 물어왔고 난 그에게서 저장성과 쨩쑤성의 일부 녹차 차창에, 일본의 증청녹차(蒸青綠茶, p.254) 기계가 들어와 증청녹차의 생산이 많아졌다는 이야기를 들었다. 물론 그 소식은 예전에도 들었지만, 그렇게 생산된 차들은 모두 일본으로 수출한다고 했다. 중국에도 증청 기계가 있는데 일본 사람들은 차를 사가며 그 비싼 기계를 팔았다는 얘기도 했다.

손에 힘을 주지 않…

차창의 불이 꺼지고 밤은 깊어갔다. 간민의 집에 밀린 빨래를 해 놓고 와서 입고 있는 옷 뿐이었는데 날씨가 많이 쌀쌀했다.

전날 밤 켜놓은 열풍난방 때문에, 머리가 아파 새벽에 끄고 잤더니 일어날 때는 추워서 온몸이 덜덜 떨렸다. 비는 그쳤으나 잔뜩 흐려있었다. 2층에서 바라보니 근처 차밭에 찻잎을 따는 사람들의 모습이 보였다.

좀 늦게 일어났더니 장 사장과 어머니는 일찍 차밭에 나갔고 아버지는 며칠 전 정성스레 만든 최고급 우화차를 난징(南京)의 상점에 가지고 나가셨다고 했다. 차창의 직원들은 대나무를 잘라 탄방용 대발을 만드느라 분주했고, 보기에는 별로 거슬릴 것이 없는데도 사진이 좀 더 깔끔하게 나왔으면 하는 바람에 나는 차 솥이 걸려있는 주변을 청소했다.

솥 뒤에서 불을 조절했다.

　잠시 후 장사장이 5kg 정도의 차엽을 가지고 왔다. 탄방을 위해 대발에 펼쳐놓고는 점심을 먹고 어머니와 우화차를 만들 테니 촬영을 잘 하라며 소년 같은 미소를 띠었다.

　우화차의 차엽은 우리나라의 우전 차엽보다 더 여리고 작았으며 차가 완성되고 나니 하얀 솜털이 복슬복슬했다.

　용정차와 벽라춘은 대표적인 초청녹차며 난징 우화차 역시 초청녹차다. 초청녹차라고 하면, 살청과 유념 그리고 건조까지 모두 차 솥 안에서 이루어지는 녹차를 말한다.

　용정차는 편평한 모양을 만들기 위해서 차 솥이 아주 매끄러워야 하기 때문에 차나무의 열매에서 짠 차유(茶油)라고 하는 기름을 솥 안에 바른다. 용정차가 만들어 질 때까지 차유를 여러 차례 바르고 바로 깨끗이 닦아내지만, 용정차에 뜨거운 물을 부었을 때 올라오는 구수한 첫 느낌은 차유를 사용했다는 흔적이다. 그리고 용정차는 차유의 간섭 때문에 다른 녹차와 비교하면 산화가 더 빨리 진행된다. 그렇기 때문에 보관에 각별히 신경을 써야 한다. 실온에 보관하기 보다는 보관하는 비닐 팩의 공기를 충분히 뺀 다음, 10℃ 정도로 냉장 보관하는 것이 좋다. 물론 용청차 뿐 아니라 흑차를 제외한 모든 차는 그렇게 보관하는 것이 좋다.

용정차는 완성될 때까지 한 시간 정도의 다소 긴 시간이 걸리기 때문에 장작불로 온도를 조절하며 혼자서 충분히 만들 수 있다.[28]

반면 벽라춘과 우화차는 용정차와 비교할 때, 빨리 만들어야 하기 때문에 차엽이 솥에 들어가는 순간부터 손동작이 아주 빨라야 한다. 그런 까닭에 가스 불을 사용하지 않는 전통 방법에서는 솥의 온도 조절을 솥의 뒤에서 다른 사람이 도와주어야 한다. 특히 손의 감각이 중요하므로 우리나라에서 녹차를 덖을 때처럼 장갑을 끼는 것이 아니라 맨손으로 차를 만든다. 그리고 수작업을 할 때 사용하는 중국 녹차의 차 솥은 온도 조절이 용이하게 2mm 정도로 아주 얇다.

용정차와 벽라춘, 우화차 등 대부분의 녹차는 살청을 할 때 솥의 온도는 200℃ 정도이며 초청녹차를 건조할 때 솥의 온도는 90℃ 정도가 된다.

장 사장이 가지고 온 5kg의 차엽으로 1.5kg 정도의 차가 만들어지는데 그 찻값이 그들에게는 큰돈이기 때문에 촬영을 하며 동작을 잠시 멈추어 달라는 말을 차마 하지 못했다. 동작을 멈춘 사이 품질 변화가 생기면, 판매에 문제가 생기는 것을 잘 알기 때문이었다.

차엽이 차 솥에 들어가자 지직지직 살청의 소리가 들려왔고 수증기가 피어오르며 말로는 표현 할 수 없는 녹차 특유의 청향이 올라왔다. 솥의 온

28) 현재 용정차의 제다에는 온도 조절이 용이한 전기솥을 더 많이 사용한다.

도는 200℃ 이상이지만 살청을 할 때 차엽은 솥에 전혀 눌어붙지 않았다. 탄방을 했고 수작업으로 녹차를 만들 때, 차엽의 양은 대부분 500g으로 솥의 크기와 손동작 등을 고려할 때 가장 이상적인 양을 덖기 때문이다.

그 다음 유념에서는 우리나라에서 녹차를 만들 때처럼 살청을 한 차엽을 솥 밖으로 들어내어 비비는 것이 아니라, 살청의 공정으로 눅눅해진 차엽을 솥 안에서 들어올려 손으로 살짝살짝 비벼서 말고 말려진 차엽은 떨어져 다시 솥의 열에 닿는 동작을 건조가 될 때까지 수 없이 반복한다. 그렇게 솥 안에서 완성되는 녹차가 바로 초청녹차인 것이다.

우리나라에는 살청과 유념 그리고 다시 덖고 비비기를 아홉 번 반복하여 만든 녹차를 한약재의 법제 방법인 구증구포라는 용어를 차용해 구증구포 한 녹차라고 부르는데, 덖고 비비기를 아홉 번 반

01 우화차
02 우화차의 유념에서 힘을 좀 더 주고 둥글게 돌려 보았다.

복했다면 다른 녹차와 비교해서 어떤 부분이 달라졌으며 또 어떤 특징을 가지고 있을까? 또한 덖고 비비기를 아홉 번 반복한 녹차를 구증구포 한 녹차라고 부른다면, 초청녹차는 과연 몇 증 몇 포라고 불러야 할까?

장 사장이 나를 위해 남겨둔 차엽으로 나름의 녹차를 만들었다. 우화차를 만들 때보다 유념의 압력을 조금 더 강하게 했더니 예쁜 모양이 생기지는 않지만 초청녹차로써 향미는 충분했다.

저녁 식사를 하기 전 장 사장과 차밭에 들러 함께 차엽을 수매했다.

녹색 물결의 아름다운 차밭. 제다를 공부하는 나에게는 부러움이지만 그 넓은 중국 땅에 친구들의 멋진 차밭이 있으니 참으로 행복했다.

물결이 일렁이는 듯, 홍웨이차창의 아름다운 차밭

자사호 명인
판 쥔潘俊

　이른 아침 시간 밖이 많이 소란했다. 장 사장 차창 앞의 소규모 차창에서 찻잎을 따는 인부들과 언쟁이 벌어졌다. 인부들이 찻잎을 채엽 해오면 무게를 달아 그 양으로 인건비를 지불하는데 아마도 인건비가 너무 적었나 보다. 차를 만드는 계절이면 흔히 있는 일이지만 '차창에서 조금 더 신경을 썼으면 좋았을 텐데' 라는 생각을 했고 그 마을에서 영향력이 있는 장 사장의 아버지께서 중재를 하고서야 해결이 되었다.

　홍웨이차창에서의 일을 마쳤으니, 다시 띵산에 들러 항저우로 돌아가야 했다. 아침을 먹고 항저우로 떠난다고 얘기를 하니 정도 많고 유머도 많은 장 사장 어머니께서, 항저우에 갔다가 다음날 다시 오라는 농담을 하며 무척 서운해 하셨다. 며칠 비가 와서 기대했던 장면을 담지 못해 아쉬움이 남았지만 장 사장 가족들의 따뜻한 정에 큰 힘을 얻었다.

띵산에 도착해 오래 전부터 알고 지내는 친구 판쥔의 공방에 들렀다. 그는 한국과 일본에서 꽤나 유명한 자사호의 명인이다. 이씽 자사박물관의 전시 총감독을 맡고 있는 그는 베이징에서 미술대학을 다니면서 활동해서인지 남다른 세련미를 가지고 있으며 예의 바르며 호탕하다. 그런 그의 매장에 들리면 유쾌한 기운이 흐른다.

내어주는 홍차를 마시며 그간의 안부를 물었다. 판쥔은 한국 상인들을 이야기 하면서, 자사호에 대한 이해가 부족하다는 솔직한 느낌을 이야기 했다. 그도 그럴 것이 한국에서 중국차를 조금 취급한다고 하면 많은 상인들이 직접 중국에 가서 차와 자사호 등을 구매한다. 전문가들에 의한 일본의 상사 체계와는 다른 형태의 구매가 이루어지다보니 띵산에서 잘 알려지지 않은 도공들이 한국에서는 유명작가가 되어 있는 것이 우리나라 차계의 중국차에 대한 현실 이다보니 그런 얘기를 하는 것이 당연했다.

일본이 우리나라보다 차 소비가 많기 때문이기도 하겠지만 물가가 우리나라와 차이가 있는 일본보다 중국차와 중국다구(茶具)가 우리나라에서 왜 더 비싸게 팔리는지 조금만 생각해 보면 알 수 있는 문제가 아닐까? 물론 과도기라는 좋은 표현을 쓸 수도 있겠지만 쓸쓸함이 남았다.

판쥔은 이런 이야기를 덧붙였다. 이씽 자사호의 특징은 재료의 우수성과 아직도 많은 작가들이 전통 수제작을 고집하는데 있다는 것이다. 그리고 이씽의 자사호가 차 도구로써 최고는 아니며 특별한 한 부분이라고 했다. 그러면서 용도에 맞는 선택이 가장 중요하다는 것을 강조했다.

판쥔과 함께 한 컷의 사진을 찍고 그의 매장을 나왔다.

첸쩡즈샤의 찐꺼 매장에 다시 들렀다. 항저우로 가기 전 인사를 하려고

들렀는데 내가 항저우에 갔다가 바로 황산(黃山)으로 간다고 했더니, 형 고객 중에 황산에서 차관을 크게 하는 분이 있으니 혹시 어려운 문제가 있으면 그 분께 도움을 받으라며 편지와 함께 전화까지 해 주었다.

띵산에서 가장 큰 자사호 매장 중의 한 곳을 운영하는 찐꺼는 외모도 탁월하지만 매너 또한 일품이었다.

항저우에 도착해 간민의 집으로 가기 전 시후에 들렀다. 시후를 바라보면 왠지 마음이 가벼워졌기 때문이었다. 이슬비는 조금씩 내렸고 네온과 함께 뿜어 올리는 분수가 옅은 어둠과 잘 어우러져 멋진 블루컬러를 만들어냈다. 비를 맞으며 무심히 서서 시후의 품에 안겨 들었다. 그렇게 서서 머리가 흠뻑 젖고서야 링인쓰 입구에 있는 간민의 집으로 갔다. 부지런한 친구의 부인은 반가운 미소로 맞이해 주었고, 친구는 비와 향수에 젖은 나를 위해 따뜻한 차를 내어왔다. 온 몸에 힘이 하나도 없었지만 따뜻한 차를 마시고 나니 미소가 지어졌다.

롱 징 의
명 전 차 明前茶

모처럼 쾌청한 날이었다. 4월1일부터 계속 비가 내렸으니 5일만이며 그 날은 청명(淸明)이었다. 우리나라에서는 곡우(穀雨)를 즈음해 생산되는 우 전차(雨前茶)를 제일로 여기지만, 중국에서는 우리나라보다 차의 생산이 빠르므로, 청명 전에 만든 차를 명전차(明前茶)라고 하여 녹차는 명전차를 제일로 여긴다.

우리나라에서는 곡우(양력 4월 20일경) 전에 만든 차를 우전차라고 해야 하는데, 간혹 찻잎 크기의 대소를 이야기할 때도 있다. 그러나 중국에서는 청명 전에 만든 차만을 명전차, 곡우 전에 만든 차를 우전차라고 하여 그 부분은 잘 지킨다.

2000년에 차를 잘 모르는 분에게 번역을 부탁한 일이 있었는데, 명전차 를 해뜨기 전에 만든 차, 우전차를 비오기 전에 만든 차라고 번역을 해서 한바탕 웃었던 기억이 떠올랐다.

간민의 어머니. 어머니는 40년 째 묵묵히 차 만들기를 해 오신 장인이다. 어머니께서 만드신 용정차. 어머니 만큼이나 섬세하고 예쁘다. 대부분의 차농들이 모두 그렇겠지만 차밭의 관리도 어머니께서 직접 하셨고, 찻잎 따기도, 차 만들기도 직접 하셨으니 만드신 차에서 그 정성이 모두 느껴진다.

간민이네는 그 해 용정차를 많이 만들지 않았다. 어머니께서 건강이 좋지 못해 그렇다고 했다. 친구인 내가 차를 많이 사주지도 못하는데 가족이라 생각해서인지 내가 차를 사면 그렇게 미안해했다.

아침을 먹고 간민의 집 근처에 있는 차런즈쟈(茶人之家)라는 차관에 들렀다. 그곳에는 우리나라 차계의 큰 어른이셨던 금당 할아버지의 동상이 있다고 들었다. 살아계실 때 몇 번 뵌 추억이 있지만 차런즈쟈에는 한 번도 들리지 않았었다. 들리지 않은 나름의 이유가 있었지만 고인께 묵념을 드리고 싶었다.

간민의 집에서 버스로 세 정거장. 설레는 마음으로 차런즈쟈에 들리니, 금당 할아버지의 동상은 이미 오래 전 다른 곳으로 옮겨갔으며 그 곳 직원들은 어디로 옮겨갔는지 모른다고 했다. 그 분과의 인연을 떠올리며 착잡한 마음을 가눌 길이 없었다.

외출한 길에 항저우 서부정류장에서 황산행 버스표를 예매했다.

중국에서 녹차의 생산이 가장 많다는 안후이성(安徽省).

황산의 황산모봉(黃山毛峰 황산마오펑), 타이핑(太平)의 태평후괴(太平猴魁 타이핑허우쿠이), 쥬화산(九華山)의 구화불차(九華佛茶 쥬화퍼차), 찡시엔(涇縣)의 용계화청(涌溪火靑 용시훠칭), 류안(六安)의 육안과편(六安瓜片 류안과피엔), 후어산(霍山)의 곽산황아(霍山黃芽 후어산황야), 그리고 치먼(祁門)의 기문홍차(祁門紅茶 치먼홍차)와 이름 모를 많은 차들….

다음날 향할 안후이성을 떠올렸다.

버스표를 예매하고 간민의 집으로 돌아오니, 청명이라 가족 모두 링인쓰에 가서 기도를 하고 왔다고 했다. 나도 함께 다녀왔으면 좋았을 텐데...

마음속으로 친구와 가족들의 안녕을 기원했다.

천하제삼천 후파오첸 입구

안후이성安徽省
태평후괴를
찾아서

安徽省 Anhui

　중국 중앙부 양즈강 하류 유역에 있는 성(省)이며 양즈강과 화이허(淮河)에 걸쳐 있고 화동지구에 속한다. 약칭은 皖이라 부르며, 성후이는 허페이(合肥)이다.

　장자(庄子), 화타(華佗), 조조(曹操), 포증(包拯) 등이 안후이 출신들이다.

　주요 관광지는 황산송(黃山松)으로 유명한 세계문화유산 황산(黃山)과 중국의 4대 불교성지 중의 하나인 쥬화산(九華山)이 있다. 특히 그곳은 신라의 왕자였던 김교각 스님이 지장보살로 모셔져 있다.

태평후괴를
찾아서

일어나니 날씨가 아주 맑았다.

황산에 다녀오겠다며 간민의 집을 나와 서부정류장으로 갔다. 며칠 후 다시 돌아와야 하기 때문에 친구의 집에 일부 짐을 놓아 둘 수 있어서 어깨가 많이 가벼웠다.

오전 9시 50분 황산행 버스에 올랐다. 오후 4시 30분 쯤 도착한다고 하며 요금은 76콰이였다. 버스에 올라 눈을 감고 다시 생각에 잠겼다. 태평후괴는 과연 어떻게 만들어질까? 어떻게 만들기에 길쭉한 차엽을 납작하고 평평하게 만들었을까? 분명히 용정차의 제다 방법은 아닌데….오래 전부터 상상으로 만들어온 태평후괴의 제다 방법을 익히러 간다는 생각에 설렘은 더해갔다.

황산에 도착하니 5시가 되었다. 관광지의 어디에나 그렇지만 호객꾼들은 자기들 숙소를 이용하라고 모여들었다. 순간 갈등이 생겼다. 황산에 오르지 않고 산을 얘기하지 말라고 할 정도로 중국 최고 명산인데 그곳을 여러 번 지나왔어도 황산에는 오르지 못했었다. 그래 내가 관광을 온 것도 아니고 언젠가 기회가 있겠지... 아쉬움을 뒤로하고 황산의 특산물과 차 도매시장이 있는 타이핑(太平)으로 가는 버스에 몸을 실었다.

중국에서 제다를 익히며 가장 관심을 가졌던 것은 보이숙차이고 미생물 발효에 관한 부분이었다. 미생물을 연구하는 분들이 보면 쉬울 수도 있겠지만, 제다가 바탕이 되어야 하기 때문에 내게는 그렇게 만만한 일이 아니었다. 그래서 녹차는 조금 소홀히 했었는데 태평후괴의 제다를 익히고 나면 녹차의 제다는 정리가 될 것 같았다.

타이핑에 도착해 황산 차 시장부터 둘러보았다. 그곳에도 햇차가 많이 나와 있었고 태평후괴는 일주일 쯤 더 있어야 출하가 된다는 이야기를 들었을 뿐 어둠이 내려와 더 이상 돌아 볼 수 없었다.

01

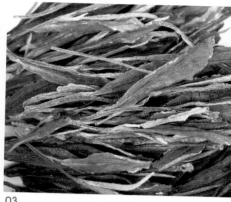

02

03

01 황산 차 시장. 그곳에는 황산에서 수집된 여러 종류의 버섯도 함께 있었다.
02 중국의 10대 명차 중 하나인 황산모봉
03 태평후괴
   태평후괴는 찻잎을 많이 키워서 채엽하기 때문에 다른 녹차들과 비교하면, 독특한 향기가 있다.

다음 날 아침, 황산 차엽 시장으로 나갔다.

비가 내리는 데도 많은 차농들이 직접 만든 차를 들고 나와 비를 피해 서 있었고 촬영은 어려웠다. 나도 비를 피해 서 있다가 옆에 있는 차 상점 에서 진열된 차를 촬영해도 되겠냐고 물었다. 그렇게 하라며 상점의 주인 은 무슨 이유에서 촬영을 하는지 관심을 가지고 물어왔다.

한국에서 왔으며 태평후괴 만드는 것이 알고 싶어 왔다고 말하자 상점 주인은 아주 반가워하며 책을 한 권 보여주었다.

『Das Geheimnis des Tees』 라는 제목의 책이며 독일에 사는 화교가 지은 중국차에 관한 서적인데 책 속에 상점의 안주인 사진이 실려 있었다.

그 화교는 독일에서 찻집을 운영하며 매년 한 차례 정도 타이핑에 들른다고 했다. 책에 실린 태평후괴를 만드는 사진은, 상점 안주인의 할머니께서 사시는 신밍(新明)이라는 곳에서 찍었다고 했다.

『Das Geheimnis des Tees』와 책 속의 사진

나 또한 태평후괴의 제다를 보고 싶다며, 그곳으로 안내를 부탁했다. 그랬더니 상점 주인은 시간 여유가 없어서 동행 할 수가 없고 대신 일손을 구하러 온, 그곳에 사는 친척에게 안내를 부탁하겠다고 했다. 그의 친척을 기다리며 상점에 앉아 몇 가지 차를 맛보았다.

황산모봉이야 워낙 유명한 차라 많이 마셔봤지만 그날 맛 본 작설(雀舌)이라고 하는 황산모봉의 최고급품은 푸릇한 청향이 아주 뛰어났다. 점심을 먹고 나니 기다리던 친척이 돌아왔다. 그 분은 일손을 못 구해 아무래도 다음날 돌아가야 할 것 같다고 했다. 하는 수 없이 나도 그곳에서 하루를 더 보내고 다음날 그와 함께 태평후괴의 고향 신밍에 가기로 약속을 했다.

비는 그쳤고 날씨는 잔뜩 흐려있었다.

타이핑(太平) 대교가 있는 타이핑 호수의 풍경이 일품인 것을 알기에, 시간의 여유가 있어 그곳을 구경하기로 마음을 먹었다. 택시의 왕복 요금을 물어보니 80콰이를 달라고 했다. 오토바이를 개조한 삼륜차는 40콰이, 경운기를 개조한 삼륜차는 20콰이를 달라고 했다. 경운기 기사에게 타이핑춘(太平村)을 둘러서 오는데 30콰이로 흥정하고 타이핑 대교로 출발했다.

타이핑 대교에 도착하니, 안개속의 타이핑후(太平湖)와 그 속에 안긴 섬들이 그림 같은 풍경을 만들어냈다. 타이핑 대교를 지나면 쥬화산(九華山)까지 가는 세 시간 동안 끝없는 차밭이 펼쳐진다. 그 차밭과 쥬화산이 떠올라 타이핑 대교의 맞은편을 한동안 바라보았다.

대원력의 지장성지 쥬화산. 그곳엔 신라의 왕자였던 김교각(金喬覺) 스님께서 쥬화산의 지장보살로 모셔져 있다. 세상에 부러울 것 없는 왕자로 태어나 그토록 험한 길도 마다 않고 중생을 위해 대원력으로 수행하셨을 그분을 생각하니 배낭이 무겁다고 힘들어하는 나를 돌아보게 됐다.

타이핑으로 돌아오니, 상점의 안주인은 불편하지 않으면 숙소를 옮기라고 했다. 다니면서 경비도 만만치 않을 텐데 숙비라도 아끼면 좋지 않겠냐며 값싸고 깨끗한 곳을 안내해 주었다. 고마운 사람들. 늘 느끼는 것이지만 차를 다루는 사람들은 차의 성품을 닮아 마음 씀씀이가 남달랐다.

황산의 특산품 황산 녹목단(綠牧丹)

어린 찻잎 보다는 조금 큰 찻잎을 사용했다.

살청을 한 후 가지런히 모아 실로 묶은 다음 납작하게 눌러 건조를 했다.

천상의 마을
천상의 차

다음날 아침 날씨는 화창했다. 오전 8시 30분 차 상점에 도착해 주인의 친척을 기다렸다. 9시, 10시가 되어도 그는 오지 않았고, 11시가 다 되어 돌아온 그는 찻잎을 딸 일손을 구하지 못해 하는 수 없이 여자 친구를 데리고 간다고 했다. 그들과 함께 11시쯤 신밍으로 출발했다. 타이핑을 출발해 황산의 맞은편 산 쪽의 비포장 길을 1시간 30분 정도 달리니 선착장이 나왔다. 그곳에서 배를 타고 타이핑후 쪽으로 20분쯤 가면 신밍에 도착한다고 했다.

배를 타고 차밭을 가는 기분은 너무나도 낭만적이었다. 끝없이 펼쳐진 산 전체가 차밭인 윈난의 차밭도, 유채꽃과 어우러진 벽라춘의 산지 퉁산(洞山)의 차밭도, 천하비경 우이산(武夷山)의 차밭도 아름다웠지만 물위에 떠 있는 그곳의 차밭은 무릉도원 그 자체였다.

01

02

배에서 내려 그의 집에 도착했다. 그곳에는 강 건너 마주보는 앞마을을 합해 50여 가구가 살며 대부분의 가정에서 차를 만든다고 했다. 아직 태평후괴는 생산되지 않고 큰 나무 사이에 듬성듬성 나 있는 찻잎을 따서 태평후괴가 생산되기 전까지 태평후괴의 제다 방법으로 '야차(野茶)'라고 하는 녹차를 만든다고 했다.

이것저것 설명을 하는 그에게 그곳의 주소와 그의 이름을 적어 달라고 하고 보니 그의 성이 아주 특이했다. 차엽의 엽(葉), 중국어로 "예"였다.

늦은 점심을 먹고 차밭을 살폈다. 뭔가 특별할 줄 알았는데 기대했던 것과 달리 우리나라 차나무보다 키가 더 크다는 것 외에는 별다른 특징이 눈

03 04

01 태평후괴의 고향 허우샹(猴鄕)
　　물위에 떠있는 차밭이 한 폭의 그림이다.
02 태평후괴의 차나무와 차밭 찻잎을 좀 키웠을 뿐, 우리나라 찻잎과 별 차이가 없어 보였다.
03 혹시 있을 떡잎을 떼어냈다.
04 허우샹의 야차 (이 사진을 보면서 멸치 같다는 분도 있었다.)

에 띄지 않았다.

사진 촬영을 하며 바라본 타이핑후와 아래 차밭은 세상을 다 얻은 것처럼 아름답고 편안했다. 산에서 내려와 쑈예(小葉)와 함께 그의 집에 깔끔히 정리되어 있는, 태평후괴를 만들 때 사용하는 도구를 촬영했다. 아주 특별한 장비들은 『Das Geheimnis des Tees』에 나와 있는 사진 그대로였다. 그리고 태평후괴의 제다 방법은 저녁에 친구 집에 가서 촬영을 하자고 했다. 그러며 쑈예가 내어준 야차는 강한 청향이 감돌았으며 용정차와 비슷한 느낌에 난향이 돌았다. 엽저의 색도 엷은 녹색이어서 보기 좋았고 벌레 먹은 흔적이 있는 것을 보니 질 좋은 차엽을 사용했음을 알 수 있었다. 태평후괴를 만들기 전 며칠 동안만 만들기 때문에 생산량은 아주 적다고 했다.

저녁을 먹고 나니 짙은 어둠이 내렸다. 쑈예의 친구 집에서 차를 만든다는 연락이 왔다. 설레는 마음으로 그의 친구 집으로 가니 그 댁의 내외와 어린 아들 한 명, 그렇게 셋이서 야차를 만들고 있었고 마을의 사람들은 나를 보기 위해 칠팔 명 정도 모여 있었다. 반갑게 인사를 했다.

"워 쓰부쓰 라이다오 텐탕러?"

("我是不是來到天堂了? 제가 천상에 온 것이 맞습니까?")

모두들 어리둥절한 모습으로 서로를 쳐다보더니 한바탕 웃음이 터졌다. 그 집의 주인은 "예, 여기가 천상의 마을이 맞습니다." 라며 나를 반갑게 맞아 주었다. 내 인사말을 그들은 농담으로 받아들였겠지만 나는 그곳이 정말 천상의 마을로 보였다.

미소를 띠며 그들의 차 만들기를 유심히 관찰했다. 야차를 생산하고 있었지만 태평후괴의 제다 방법과 같다고 했다.

  덖음 솥은 일반적인 덖음 솥의 1/2 크기였고, 움푹 파진 솥의 표면은 차유를 사용해서 아주 부드러웠다. 한 번 덖을 때 차엽의 양은 상상을 초월하는 소량인 한 주먹이었다. 덖음 솥의 온도는 200℃ 정도였고 살청을 할 때 솥이 깊어서 솔을 이용해서 쓱싹쓱싹 1분도 채 안되어 살청이 끝났다. 살청을 마친 살청엽을 어린 아들이 옮겨, 예전 우리나라에서 복사 할 때 사용하던 등사기와 흡사한 판 위에 올려놓고 롤러로 밀어주니 야차의 모양이 납작해졌다.

  모양 만들기인 유념을 마친 유념엽은 다시 옮겨져 서랍장처럼 만든 건조기에 넣었다. 건조기는 아래에 큰 솥을 놓고 그 안에 연기가 전혀 나지 않는 백탄 숯을 피웠으며 작은 솥으로 뚜껑 삼아 덮었다.

01

02

01 태평후괴 제다실
02 태평후괴의 덖음 솥, 깊이가 깊다.

01

02

01 서랍장 모양으로 건조기를 만들었다. 열원은 큰 솥을 놓고 백탄을 피웠으며 작은 솥으로 뚜껑 삼아 덮었다.
　　건조할 때 온도를 재어보니 70℃ 정도였고, 숯의 향이 차향에 영향을 끼치지 않았다.
02 태평후괴의 모양을 만들기 위해서는 등사기와 흡사한 판 위에 살청엽을 올려놓고 롤러로 밀면 모양이 납작해졌다
03 한 번 덖을 때 차엽의 양은 한 주먹이었다.
04 살청을 마친 차엽

03

04

직접 보고 나니 태평후괴의 제다 방법이 그렇게 어려운 것은 아니었지만, 다양한 장비를 직접 만들어 사용하는 중국 차농들의 창의성에 다시 한번 감탄이 나왔다. 아빠를 도우는 초등학생 아들의 손놀림이 얼마나 능숙하고 세심한지 대를 이어 차를 만들며 살아온 그들의 숙명 같은 삶을 말해주는 것 같았다. 그 귀한 차가 도시에서는 고가에 팔리겠지만 노력과 생산량에 비해 차의 가격이 싼 것이 마음을 아프게 했다. 그렇게 그 댁에서 태평후괴의 제다 방법을 깊이 새기고 다시 쑈예의 집으로 돌아왔다.

푸른 은하수가 덮여있는, 그곳의 밤하늘을 무심히 바라보는 내게 무슨 생각을 하냐고 쑈예가 물었다. "샹쟈(想家)"

표현할 방법이 없어 간단하게 집 생각이라고 대답했지만 하늘을 바라보는 동안 천상의 주인공이 된 느낌이었다.

야차의 크기는 우리나라의 중작(3cm)정도, 태평후괴는 대작(5cm)정도의 크기였다. 수공이 많이 들기는 해도 우리나라에서도 충분히 만들 수 있다고 확신했다. 그곳에 가서 태평후괴의 제다방법을 배워야 되겠다고 생각한 후부터 머릿속으로 수없이 태평후괴를 만들었기 때문에 야차 만드는 모습을 본 순간 그들의 제다 방법을 정확히 이해할 수 있었다. 며칠 더 머무르며 쑈예의 집에서 태평후괴를 직접 만들고 싶었지만 내가 머무르면 그들이 불편할 것 같았다. 그날 저녁 보았던 야차의 제다 방법으로도 충분히 만족했기 때문에, 하룻밤 쑈예의 집에서 신세를 지고 다음날 아침 첫 배를 타고 그곳을 떠나기로 했다.

어둠이 짙어 하늘은 더욱 밝았고 계곡 물소리는 고향 생각을 불러 왔다.

천 상 의 마 을
허우샹猴鄉을 떠나며

아침 첫 배를 타고 타이핑에 나가기로 했기 때문에 일찍 서둘렀다. 밤새 흐르던 계곡의 물소리는 여전히 거셌고, 세상은 온통 운무로 가득 차 있었으며, 전날 본 산과 호수 건너의 차밭은 아련히 보였다.

쑈예의 집에서 본 뒷산이 아주 높은데, 그는 아직 그 산의 정상에 올라가 보지 못했다고 했다. 황산의 준령이라 그런지 웅장하며 숲은 우거져 보였고 그 산을 오르는데 길이 없다고 했다.

산이 깊고 숲이 우거져 찻잎을 딸 수 없어서 원숭이를 시켜 찻잎을 땄다는 전설로 인해 원숭이 우두머리란 이름이 붙은 태평후괴.

태평후괴를 만드는 마을의 이름은 허우샹(猴鄉), 즉 원숭이 촌이라고 했다. 섬이 아니지만 산이 깊어 길을 만들기 어려워 뱃길에 의존해 생활하는 마을.

아침 7시에 온다고 한 그 마을의 유일한 교통수단인 연락선은 제 시간에 오지 않은 모양이었다. 일상처럼 늦어짐을 알아서일까? 쑈예의 어머니는 7시가 다 되어 아침 식사를 하라고 시판(흰죽)을 내어주셨다. 마을은 깔끔히 정비되어 있지는 않았지만 조용하고 평화로웠다.

잠을 설치게 한 장닭은 제 몸을 때려 계속 울어대고 운무는 점점 옅어져 갔다. 쑈예에게 한국에서 친구들을 데리고 놀러와도 되겠냐고 물어보니, 언제든 환영한다며 미소를 띠었다.

꼭 다시 가고 싶은 천상의 마을, 하염없이 나를 잊고 세상도 잊을 수 있을 것 같은 곳 '허우샹'.

7시 30분 뱃고동 소리가 울렸다. 쑈예는 배가 도착했으니 선착장으로 가자고 했다. 그의 가족들에게 고마움을 전하고 선착장으로 향했다. 그곳에는 이미 십여 명이 모여 있었다. 전날 저녁 야차를 만들던 분은 아이들을 쪽배에 태워 강 건너 편에 있는 학교로 갈 준비를 하고 있었다. 아이들은 도시락을 하나씩 들고 있었고 전날 저녁 차 만드는 일을 도왔던 아이는 나를 보더니 반가웠는지 장난을 걸어왔다.

너무나 아름다운 모습. 세상의 어떤 화가가 그 느낌을 담아 낼 수 있을까? 조그마한 배에 열두 명의 초등학생이 나란히 앉았고, 사공은 노를 저었다. 티 없이 맑은 눈을 가진 아이들과 세상 근심 없는 사공의 미소…

하루의 끼니와 비바람을 막아줄 오두막이 있고 좋아하는 차가 있는데, 아이들의 별과 같은 눈동자가 내 가슴에도 있는데, 세상에 무엇이 부족하다고 바둥거리며 사는지…. 그들의 일상이 가슴 찡한 감동을 주었다.

비가 오면 어떻게 하냐고 쑈예에게 물어보니, 수심은 깊지만 물살은 빠르지 않고 파도가 없어 비를 조금 맞아도 학교는 갈 수 있다며 자신도 강 건너에 보이는 학교에 다녔다고 했다. 그렇게 감명 깊은 장면들을 뒤로 한 채, 내가 탄 배는 해가 떠 있는 방향을 조금 비켜 동남쪽으로 향했다.

01

02

01 배를 타고 등교하는, 눈망울이 빛나는 아이들
02 운무에 쌓인 아련한 호수의 수평선은 반짝이는 은빛으로, 자신의 아름다움
   을 드러내 그곳이 천상임을 분명하게 말해 주는 듯 했다.

선착장에 도착하니 경운기를 개조한 삼륜차가 우리를 기다리고 있었다. 배에서 내린 사람은 모두 아홉 명. 배 삯은 2콰이, 삼륜차는 타이핑까지 4 콰이였다. 전날 선착장으로 갈 때는 삼륜차를 대절해서 20콰이를 지불했는데, 아침저녁으로는 정기적으로 다니는 삼륜차가 있다고 했다. 삼륜차를 타고 타이핑으로 향했다. 아침이라 길이 한산해서일까? 삼륜차의 기사는 덜컹거리는 비포장 길을 신나게 달렸고 모두들 어깨만 건들거릴 뿐 아무렇지도 않은 표정인데 나 혼자만 온몸에 힘이 들어가 덜컹거릴 땐 엉덩이가 몹시 아팠다.

2시간이 걸려 타이핑에 도착해 허우샹을 소개해준 상점으로 갔다. 상점의 주인은 길이 험해 고생했다며 황상모봉의 최고급 작설차를 내어주었다. 덜컹거림에 허리가 아팠고 긴장한 탓에 갈증이 있어 작설차를 연거푸 몇 잔 마시고 나니, 순간 머리는 개운해졌고 피로감이 한결 가벼워졌다. 그 따뜻한 차가 바로 감로수라 여겨졌다. 그리고 안내를 해준 상점 사장께 두 손을 꼭 잡고 인사를 했다.

태평후괴의 제다법을 알았으니 항저우로 돌아가 청차의 고향 푸젠성(福建省)으로 가야했다. 상점주인 내외의 친절과 배려, 특히 허우샹에서의 하루는 평생 잊혀지지 않는 영원한 추억이 될 것 같았다.

상점에서 나와 황산의 특산품 시장에 들렀다. 지나치면서 보아둔 버섯을 도시에서는 구하기 어려울 것 같아 간민의 어머니께 드리려고 몇 종류의 버섯을 사고 툰시(屯溪)행 버스를 탔다.

황산의 북문이 있는 타이핑에서 남문이 있는 탕코(湯口)를 지나 툰시라고 하는 황산시로 이동했다. '황산 근처의 유명 차산지를 더 돌아보면 얼마나 좋을까?' 라는 생각을 하며 아쉬움을 삼키고 돌아섰다.

타이핑을 출발해 2시간 반 만에 툰시에 도착했다. 툰시에 도착하니 오후 1시 30분이었고, 다행히 2시 10분에 상하이로 출발하는 버스가 항저우를 경유한다고 해서 차표를 끊었다. 요금은 55콰이, 다섯 시간 반에서 여섯 시간 정도 걸린다고 했다.

항저우에 도착해 간민의 집으로 가니 저녁 8시 30분, 피곤이 몰려왔다. 배를 타고 삼륜차를 타고 소형 버스와 대형버스 그리고 택시까지 탔으니, 그날은 교통수단을 체험한 날이었다. 친구 부인이 차려 준 저녁을 먹고 씻을 힘이 없어서 그냥 잠이 들었다.

새벽녘, 어렴풋이 허우샹의 아름다운 풍경과 배를 타고 등교하는 천진한 아이들의 눈망울, 그리고 아이들을 위해 수고를 아끼지 않는 아버지 사공의 밝은 미소를 떠올리며 잠을 깼다.

내가 떠난다고 친구 부인은 아침 식사 준비로 바삐 움직였다. 날씨는 잔뜩 흐렸고 오후에 비가 온다고 아버지는 집에서 쉬고 계셨다. 어머니는 일찍 차밭에 나가셨고 친구는 차를 덖고 있었다.

초청녹차를 만들며 맨손으로 작업하는 중국 차농들 모두의 손이 그렇겠지만, 봄이 되어 차의 계절이 돌아오면 친구의 손은 곰 발바닥처럼 굳은살이 많이 생겼다. 솥의 온도를 조금 낮춰도 되는데 어머니께 배운 대로 정성을 다해 차를 만들었다. 그런 친구를 바라보며 도움을 주지 못하는 미안함을 그저 미소 속에 감출 수밖에 없었다.

식사를 하고 떠날 준비를 했다. 차밭에 나가 어머니께 인사를 드리려 했는데, 마침 어머니께서 차엽을 가지고 돌아오셨다. 아버지 어머니께 인사를 드렸다. 간민과 그의 부인에게도...

그날의 작별 인사는 여는 때와는 달리 기억에 오래 머물렀다.

푸젠성福建省
민베이閩北
청차의 고향

福建省 Fujian

　중국 남동쪽의 연안지역에 있으며, 동쪽으로 타이완과 마주보고 있으며, 화동지구에 속한다. 약칭은 閩이며, 고대 민월(閩越)의 땅이었기에 그렇게 불리며, 푸저우(福州)가 중심인 민베이(閩北)와 샤먼(廈門)을 중심으로 한 민난(閩南)으로 나뉜다.

　성후이는 푸저우(福州)다. 롱청(榕城)이라고도 불린다.

　푸젠성하면 우이산(武夷山)이 먼저 생각난다. 주자(朱子)가 성리학을 성립했다는 무이정사(武夷精舍)도 떠오른다.

아름다운
사람들

쳰저우(泉州)발 우이산(武夷山)행 K986열차. 젠어우(建甌)역에는 오전 7
시 30분에 도착해야 하는데 열차가 한 시간 연착을 했다. 비가 내렸다. 너
무도 조용한 젠어우 역전, 시골역에 비가 내려서인지 호객꾼이 하나도 보
이지 않았다. 중국의 기차역 중에서 그렇게 조용한 곳이 다 있다니….

백차의 생산지 쩡허(政和)에 가기 위해 버스 정류장으로 갔다. 버스 정류
장에 도착해 그곳에서 생산되는 차를 물어보니, 동요우(東游)라는 곳에 가
면 차창이 몇 있다고 했다. 지도를 보니 쩡허에 가려면 동요우를 지나야
하니 우선 그 곳부터 들러보기로 했다.

동요우로 가는 버스에 올랐는데 버스는 출발할 기미가 보이지 않았다.
너무 오래 기다리니 몇몇 사람들이 투덜거렸다. 버스 기사는 손님이 적어
어떻게 출발을 하겠냐며 이연걸 주연의 영화 '영웅'을 보여주었다.

중국의 장거리 버스와 고급 버스에는 DVD를 볼 수 있는 장비를 갖추고
있어서 이동할 때 오는 무료함을 조금은 달랠 수 있었다. 이연걸 주연의

'영웅'은 한국에서도 개봉을 한 것으로 알고 있는데 중국 대륙을 여행하며 보아서인지 아주 감동적이었다. 그들의 마음속에 흐르는 대륙의 문화를 어떻게 하면 이해할 수 있을까? 중국에 오면 이방인이 아니라 모든 부분을 그들과 함께하고 싶은데….

승객들은 모두 영화에 몰입했고 나도 조금 긴장된 마음으로 관람을 했다. 차분히 깔려있는 중국적인 정서, 웅장한 사운드와 배경, 깊이를 알 수 없는 거문고 가락, 등장인물들의 문어체적인 언어 표현, 많은 생각을 가지게 하는 스토리…. 버스는 출발했지만 지나치는 차창 밖의 새로운 풍경도 아랑곳하지 않고 영화 속의 영웅과 함께 호흡을 했다. 그러나 이해되지 않는 장면을 볼 때면 답답함과 다시 이방인임을 느끼게 되는 것은 문화의 이질감에서 오는 것일까? 그들이 되고 싶은 것일까?

동요우에 도착하니 비가 많이 내렸고 버스 정류장 바로 옆에 일본 삼득리차창(三得利茶廠)의 원료공급업체라는 표시의 간판이 보였다. 동요우 차창 입구에서 경비아저씨께 내 소개를 하며 인사를 드리니 사무실로 안내를 해 주셨다.

일본 삼득리차창의 원료공급업체 동요우차창
비가 많이 내렸던 4월 어느 날, 계획 없이 무작정 들렀던 곳에서 차인의 성품을 보았다.

사무실로 향하다가 차창 안에서 일하는 아주머니들의 모습이 보여 잠시 그들의 작업을 바라보았다. 비를 맞으며 배낭과 카메라 가방을 둘러맨 모습이 낯설었는지 한 아주머니가 어떻게 왔느냐고 물어왔다. 중국차 공부를 하고 있는 한국 사람이라고 얘기를 하니 밝은 미소를 지으며 비를 많이 맞았다며 우산을 빌려주셨다.

안내 표지판을 따라 사무실에 들어서니, 왕(王)씨라고 하는 사무실 직원이 경비실에서 연락을 받았다며 그들이 생산하는 오룡차를 내어주며 반갑게 맞아주었다.

내 소개를 간단히 마치고, 그들이 생산하는 차에 대해 물어보니, 오룡차만을 생산하며 전량 일본으로 수출한다는 이야기를 했다. 그리고 가격 면에서는 안시(安溪) 일대의 오룡차보다 경쟁력이 있지만 품질면에서는 안시보다 다소 못하다는 이야기를 했다. 차 만드는 사람이 그렇게 이야기하기가 어려운데 보기 드문 왕씨의 솔직한 말에 같은 차인으로서 그 분이 자랑스러웠다.

점심시간이 되어 자리에서 일어서려니, 나가면 어차피 식사를 해야 하고 밖에 비도 오니 식사를 하고 가라며 나를 붙들었다. 폐를 끼치는 것 같아 괜찮다며 일어서려니 그가 내 손을 잡고 나섰다.

식당에 차려진 밥은 학창시절 들고 다니던 양은 도시락에 반찬이 함께 담겨져 나와 학창 시절의 추억과 함께 먹었다. 식사를 마치고 사무실로 돌아오니 왕씨는, 안시에 사는 친구가 지난해에 선물한 아주 고급 철관음(鐵觀音 티에관인)이라며 다시 차를 우렸다. 역시 철관음의 향미는 좋았다. 하지만 향기로운 차를 음미할 시간은 있었지만 사무실과 차창과의 거리가 200m쯤 떨어져 있고 비가 제법 많이 내렸기 때문에 차창 견학을 하자는 얘기는 차마 꺼내지를 못했다.

촉촉한 날씨와 따듯한 차, 미소와 배려, 짧았지만 훈훈한 정을 간직한 채 작별 인사를 했다. 차창을 지나오며 아주머니께 빌린 우산을 돌려 드리려고 하니, 외국에서 여기까지 왔는데 비를 맞으면 안 된다며 우산을 다시 펼쳐 주셨다. 한 번도 본적 없고 언제 다시 볼지 모르는 여행자에게 나눈 고마운 마음에 가슴이 뭉클했다. 많은 분들의 사랑에 무어라 감사해야 할지. 비가 내린 덕택에, 한가롭게 비를 맞으며 웃고 있는 차나무들이 그곳 분들의 마음처럼 평화로워 보였다. 경비 아저씨께 인사를 드리고 차창을 다시 바라보았다. '일본 삼득리차창 원료공급' 우리나라에도 언제 그렇게 차의 소비가 많아질 날이 올까?

버스 정류장에서 한참을 기다린 후 지나가는 버스를 타고 쩡허에 도착했다. 백차(白茶) 차창을 찾아야 했다. 영업용 삼륜차를 불러 백차의 차창을 물어보니 잘 알지 못해, 근처에 있는 농가에 데려다 주었는데 그곳은 백차가 아니라 녹차를 만들고 있었다.

청차(靑茶 칭차)를 만드는 차엽 만큼이나 큰 차엽 속에서 싹만을 떼어내어 가지런히 모으고 있었는데 좀 특별한 작업이라 그 모습을 유심히 관찰

01

180

했다. 그들은 녹차만 생산하고 싹을 떼어낸 차엽은 저가(低價)의 차를 만든다는 이야기를 들었다. 백호은침(白毫銀針 바이호인쩐)은 그곳에서 조금 떨어진 차창에서 만든다고 했다.

다시 영업용 삼륜차를 불렀다. 거리가 조금 멀다고 해서 왕복 30콰이에 흥정을 했고 빗길을 20분쯤 달려 규모가 제법 큰 차창에 도착했다. 차창의 경비실에서 사무실을 안내 받아 그곳 공장장 그리고 젊은 사장과 인사를 나누었다.

그 사장과 공장장은 내게 많은 것을 질문했다. 어디를 어떻게 다녔으며 중국어는 어떻게 배웠느냐와 차에 대한 견해 등을 묻고 답했다. 그리고 차창 견학을 할 수 있도록 허락을 구했다.

사장과 공장장은 잠시 동안 내가 알아들을 수 없는 그 지방 사투리로 대화를 하더니 중국차를 알리는데 고생이 많다며 차창을 사장이 직접 안내해 주겠다고 했다. 이미 백호은침의 생산은 마쳤고 백모단(白牡丹 바이무단)을 만들고 있다고 했다. 사진 촬영을 해도 되겠냐고 물어보니 "당신은 이

01 중국 최대 규모의 쩡허 백차차장
02 백차의 위조
건조가 될 때까지 가만히 놓아둔다. 제다에 노하우는 있겠지만 이렇게 간단한 시설을 갖추면 우리도 백차의 생산이 가능하다.

02

미 백차의 제다법을 아는데 감출 것이 뭐가 있겠냐." 라며 마음껏 촬영하고 의문이 있으면 스스럼없이 물어보라고 했다.

한 번에 많은 양의 차엽을 위조할 수 있는 시설을 유심히 보며 사진 촬영을 했다. '우리나라에서도 그렇게 시설을 갖춘다면 백차의 생산이 얼마든지 가능하겠구나.' 라는 생각이 들었다.

가장 단순한 방법으로 만들어지는 백차.

백차는 차나무에서 따온 차엽을 건조가 될 때까지 그늘에 널어놓으면 완성 된다. 이처럼 간단한 방법으로 만들어지는데, 그때 차엽 속에 있는 성분들은 화학 변화를 일으키며 특히 티 폴리페놀(tea polyphenol)과 폴리페놀 옥시데이스(polyphenol oxidase)라고 하는 산화효소의 활성으로 차엽의 색이 변하며, 외부에서 물리적인 힘(흔들어준다, 눌러준다, 비벼준다 등)인 유념을 하지 않기 때문에 홍차와 같은 색으로의 변화는 일어나지 않는다.

홍차는 백차와는 달리 외부에서의 물리적인 힘, 즉 유념의 과정이 있기 때문에 산화효소에 의한 차엽의 색변화가 가속되어 완성된 차엽은 검갈색이 된다. 또한 홍차는 유념의 강약에 의해 차엽의 색변화와 향미의 변화가 두드러지게 된다. 그리고 백차와 홍차의 제다에는 살청의 공정이 없으며 두 차의 제다 방법이 비슷하기 때문에 향미는 많이 닮아있다.

＊ 백차의 제다 과정: 위조(萎凋)-   ~~   -건조(乾燥)

＊ 홍차의 제다 과정: 위조-유념(揉捻)-전색(轉色)-건조

백모단은 건조가 될 무렵 차엽에 하얀 솜털(白毫)이 많이 생겨 있었다. '그래서 백차 중에는, 노인의 흰 눈썹 같다는 표현의 수미(壽眉 써우메이)

가 있구나.' 하는 생각을 했다. 백차는 녹차와는 달리 살청을 하지 않았기 때문에 자세히 보면 산화효소의 갈변 작용에 의해 갈색으로 변해있는 모

01 02

01 선별 작업하는 직원들

02 쟈스민차인 백주용(白珠龍)을 만드는 덖음 솥

03 건조가 되어가는 백모단
백차의 특징인 살청을 하지 않았기 때문에
티 폴리페놀에 의한 차엽의 색변화가 뚜렷
이 보인다.

03

습을 정확히 볼 수 있다.

　잠시 후 품평실로 자리를 옮겨 그곳에서 생산되는 여러 종류의 백차를 맛 볼 수 있었다. 떫은 맛이 나지 않는 고급홍차의 엷은 맛, 그러면서도 청향이 감도는 후미의 단맛이 있었다. 중국에서 차 공부를 하며 많은 종류의 차를 마셔보았지만 또 하나의 특별한 차를 품평할 기회가 생겨 유사품과 진품의 차이를 새롭게 공부할 수 있었다. 백차에 큰 관심을 두지 않았기 때문이기도 했지만 광저우(廣州)의 팡춘(芳村)시장[29]에서 마셨던 백차와는 풍미의 차이가 확연히 있었다.

　차창 견학과 품평을 마치고 사무실에 들어섰을 때, 사장의 손에는 예쁘게 포장한 백모단이 들려있었다. 순간 가슴속 깊이 차오르는 뜨거운 무엇이 흘렀다. 중국에서 가장 큰 백차차창의 사장이라는 위치에 있는 분이, 단지 내가 차를 만드는 사람이라는 이유만으로, 그토록 많은 배려를 주저함 없이 선뜻 하기란 쉽지 않다는 것을 잘 알고 있던 터였다.

　"이처럼 큰 배려만으로도 감사한데 무슨 선물까지 주십니까. 사장님 정말 감사합니다." 라고 인사한 나에게 그는 또 이런 말을 했다. "차 만드는 사람이 무슨 사장입니까. 그냥 편하게 이름을 부르세요." 라며 "선생도 차를 만드는 사람인데 우리는 차를 만들 때 가장 행복하지 않나요? 그래서 '차 만드는 장(張)씨'로 불리고 싶습니다." 라고 했다. '그의 겸손이 곧 차의 성품이 아닐까?' 라는 생각에 또 한 번의 뜨거움을 삼키고, 아쉬운 작별을 했다. 짧은 만남이었지만 장 사장과 뜻 깊은 이야기를 나누었고 차를 사랑하는 서로의 마음을 깊이 느꼈다.

　푸딩(福鼎)에 있는 백차 차장에도 들를 계획이었는데, 그 곳은 가지 않아

---

29) 중국에서 가장 큰 차 도매시장 중의 한 곳

도 될 것 같았다. 그래서 다시 우이산으로 가야할 것 같아 버스 정류장으로 갔다. 삼륜차 기사께 약속한 시간도 지났고 아무 말 없이 기다려준 것이 고마워 20콰이를 더 보태 50콰이를 건넸다. 그랬더니 그가 30콰이를 나에게 다시 돌려주었다. 약속한 30콰이 보다 말없이 기다려 준 것이 고마워 20콰이를 더 보태드렸는데, 30콰이를 돌려주며 그가 이런 말을 했다. 나와 차창 사장과의 이야기를 들었는데 "참 훌륭한 사장이었고, 또 당신같이 용기 있는 사람도 못 봤다."라며 그날 자신이 "두 사람의 이야기에 느낀 바가 많으니 이 30콰이는 여비에 보태 쓰세요."라고 했다.

울컥했다. 자신의 우산을 내게 준 동요우 차창의 아주머니, 존경스러운 백차 차창의 장 사장, 그리고 삼륜차의 기사 분. 그날은 소중한 행복을 한꺼번에 맞이한 행운의 날이었다.

내가 너무 작아 보였다. 차를 이야기할 때 조금 안다고 때론 교만할 때가 있었는데, 큰마음을 실천하는 분들을 보며 한없이 부끄러웠다.

삼륜차 기사가 돌려주는 돈을 받을 수가 없었다. 받지 않으려는 그에게 다음에 한국 사람을 만나게 된다면 친절히 안내해 달라는 부탁을 했고 그 돈을 그의 주머니에 억지로 넣었다. 아쉬운 헤어짐에 두 손을 꼭 잡고 그에게 머리 숙여 인사를 했다. 비에 젖어 더욱 묵직해진 그의 손에서 체험하지 못해 표현하기 어려운 무엇이 느껴졌다. 젠어우행 버스에 올랐는데도 그는 떠나지 않고 비를 맞고 서있었다.

'내 여행이 순조롭기를 기원하고 있겠지.' 나에게도 비가 내렸다. 주체하지 못하는 행복이 넘쳐흘렀다.

씨에 씨에 니먼 뚜이워더 꽌쪼우.

(谢谢你们对我的关照. 고맙습니다. 고맙습니다…)

정 산 소 종(正山小種 쩡산쑈쫑)의
고 향

다음날 아침 우이산행 버스를 탔는데 기사가 투덜거리며 내 차표를 들고 매표소 쪽으로 갔다. 무슨 영문인지 몰라 버스 차장에게 물어보니 그 버스는 그날 단체 관광객에게 예약이 되어 있어서 차표를 팔지 말아달라고 매표소에 얘기했는데 내게 표를 팔았다는 것이었다.

잠시 후, 돌아온 기사와 정류장 관리인은 큰 소리로 언쟁을 벌이더니 관리인은 내게 절대 내리지 말라고 했다. 버스 기사도 하는 수 없었든지 버스 정류장을 빠져 나오면서 내게 아무 말도 하지 않았다.

그날 버스 정류장에 손님이 없기에 망정이지, 손님이 있었다면 그 사람들은 다음 차를 타기 위해 몇 시간이나 기다릴 수밖에 없었을 것이다. 한심한 노릇이었다. 잠시 후 한 호텔 앞에 버스가 정차를 하니 버스 안은 순식간에 아수라장이 되어버렸다. 몇 팀의 관광객들이 경비를 절약하기 위해 관광버스를 대절하지 않고 그 버스를 타기로 기사와 사전 밀약이 있었던 모양이었다. 그들은 관광버스를 대절하지 않아도 되니 경비를 절약했고 버스 기사는 정류장에서 차표 한장 한장 마다에 붙는 수수료를 내지 않으니 좋을 수밖에 없었다. 하지만 그 시간에 버스를 타려고 했던 사람들은 영문도 모른 채 다음 버스를 기다려야 하는데….

그렇게 젠어우를 떠나 2시간 30분을 달려, 정오를 조금 넘긴 12시 30분 경 세계문화유산 자연보호지역인 우이산(武夷山)에 도착했다. 경치가 중국에서 가장 아름다운 곳 중의 한 곳이며 무이암차(武夷岩茶 우이옌차)라는 아주 특별한 차와 세계 최고의 홍차라는 정산소종의 고향이 우이산이다.

그러나 나는 우이산에 좋은 기억 보다는 우울한 기억이 많았다.

1999년 가을, 처음 방문했을 때는 세계문화유산의 지정은 안 되어 있었다. 그 후 매년 우이산에 들를 때마다 바가지요금과 불친절이 극성을 부렸다. 내가 외국인이라서 그럴 만도 하다지만 지난해 중국인 친구 화창(和强)과 함께 들렀을 때 그가 머리를 흔들며 다시는 오지말자고 할 정도로 우이산은 나에게 좋지 못한 기억들이 많았다.

세계문화유산 우이산과 구곡계곡

예전에 그곳은 필름 카메라로 촬영을 했기 때문에, 디지털 카메라로 다시 촬영을 하기 위해 들렀다. 그곳에 도착하니 아름다운 풍경이 눈길을 사로잡았지만 긴장을 늦출 수는 없었다. 바가지요금의 식당이 겁이나서 상점에서 빵과 음료를 사서 점심을 해결했다.

대홍포(大紅袍 따홍파우) 차나무가 있는 곳에는 다음날 가기로 하고 먼저 통무(桐木)부터 들러보기로 했다. 통무꽌(桐木關), 세계 최고의 홍차라고 하는 정산소종의 고향이며 세계문화유산 자연보호지구 안에 있는 마을이다.

2000년 처음 들렀을 때, 그곳에는 숙박시설이 없어 오래 머물지 못하고 되돌아와야 했기 때문에 아쉬움이 있었다. 그때 겨우 3kg의 정산소종을 구해 영업용 오토바이를 타고 나오며 추워 떨면서도 끝까지 안고 있었던 정산소종이 떠올랐다.

그곳으로 가는 버스는 하루에 2편이 있었다. 한편은 이미 출발했기 때문에 일단 씽춘(星村)에 가서 기다리기로 했다. 씽춘에 도착하니 오후 1시 30분. 통무행 버스가 4시에 있다고 했다. 마음이 급한 나머지 두 시간 반을 기다릴 수 없어서, 근처에서 영업을 하는 트럭기사에게 통무에 얼마면 갈 수 있느냐고 물었다. 그는 70콰이를 달라고 했다. 그럼 세 시간 정도 기다렸다가 돌아오는데 100콰이를 주기로 하고 통무로 향했다.

계곡의 아름답고 울창한 숲속을 달려 자연보호지구 검문소에 도착하니 외국인은 출입할 수가 없다고 했다. 아니 이럴 수가! 예전에 다녀갔다며 마을의 특징을 설명하니 예전에 어떻게 들어갔는지 모르겠지만 그곳은 외국인의 출입이 제한된 곳이라 무조건 안 된다며 출입하려면 시청에 가서 허가를 받아오라고 했다. 정산소종을 사러왔다고 했는데도 안 된다고 했

통무꽌의 세계문화유산 자연보호지구 표지석

다. 하는 수 없이 돌아갈 수밖에 없었다. 외국인 출입 제한구역이라는 것을 알기는 했지만 예전에 들렀을 때는 그렇게까지 검문이 철저하지는 않았다는 기억이 맴돌았다. 아쉽지만 그들의 법을 따를 수밖에 없는 노릇이었다.

씽춘으로 다시 돌아와, 트럭기사에게 얼마를 드리면 되겠냐고 하니 얘기한 대로 100콰이를 달라고 했다. 다섯 시간 정도 이용하기로 하고 고작한 시간도 지나지 않았는데 말이다. '우이산 사람들은 왜 그럴까?' 그와 실랑이를 하기가 싫어 그냥 100콰이를 주고 돌아섰다. 그곳 씽춘의 지인이 경영하는 차창에 들르니 주인이 없었다. 기다릴까도 생각하다가 그곳도 그냥 돌아서 나왔다. 다음날 대홍포만 촬영하고 빨리 그곳을 떠나고 싶었다.

소종홍차는(p.283 참조) 건조를 할 때 소나무를 태워 그 향이 차엽에 배게하는 훈배(熏焙)라는 방법을 사용하며, 통무꽌에서 생산되는 것만 정산소종이라고 한다.

대홍포
(大紅袍 따홍파우)

우이산의 싱그러운 공기를 맡으며 아침 일찍 일어났다. 짐을 챙겨 호텔 로비에 맡겨놓고 카메라만 챙겨들고 텐신용러찬쓰(天心永樂禪寺)를 거쳐 대홍포 차나무가 있는 골짜기로 향했다.

예전에도 몇 번 들렀었고 사진 촬영도 해봤기 때문에 큰 바위 중간쯤에 있는 대홍포 차나무는 바위색과 차나무의 녹색이 어우러져 사진이 잘 나오지 않음을 알고 있었다. 그래서 대홍포 차나무 맞은편에 있는 경사진 차밭을 어렵게 올라가서 촬영을 했다.

02

03

01 텐신용러찬쓰의 코끼리 바위
02 대홍포 계곡
　　계곡이 참 아름답다. 중국의 무협영화 수호지를 우이산에서 촬영했다고 들었다.
03 그곳에서 생산되는 많은 차를 새겨 놓았지만 그곳에 변종이 많다는 방증이다.

01

02

01 대홍포 차나무
02 소홍포
    대홍포의 차나무는 위 사진처럼 네 그루 밖에 없으며,
    대홍포의 차나무에서 종자를 얻어 번식한 차의 품종
    을 소홍포라 부른다.

촬영을 하며 대홍포 차나무의 맞은편 차밭을 살펴보니 바위 사이로 이끼가 많이 끼어있었고 차밭은 촉촉했으며 차나무의 찻잎은 길쭉하게 올라오며, 싹은 적녹색을 띠고 있었다. 역시 적녹색을 많이 띤 소홍포(小紅袍 쏘홍파우)의 차나무였다. 아! 그런데 발아래에 고목(古木)의 차나무가 보였다.

차나무의 수령은 알 수 없었지만 좀 큰 차나무가 한 그루, 그 차나무 밑에 또 한 그루, 그리고 그 밑엔 진입을 할 수 없어 정확히 관찰은 할 수 없었으나, 고목의 차나무가 또 있었다. 그 차나무를 촬영하기 위해 다가섰는데 위에는 바위에서 물이 떨어지고 반대쪽엔 역광이었지만, 차나무의 형태와 찻잎의 모양 등을 관찰하며 어렵게 촬영을 마쳤다. 그곳에 고목의 차나무가 존재한다는 것을 알게 된 것이 큰 성과였다.

그 차나무가 원난성의 재배형 교목보다는 크기 면에서 비교가 되지 않았지만 우이산 차나무의 원종일 가능성이 있었다. 그것만으로도 그곳 차의 역사를 이야기하기에 충분했다. 길이 미끄러워 조심해서 그곳을 내려왔다.

대홍포 정자에서 삶은 계란을 파는 아주머니가 내 행동이 좀 특이했던 모양이었다. 관광시즌이 아니라서 좀 한가했든지 계란을 하나 건네며 말을 걸어왔다. "저 위에서 무엇을 촬영했어요?"라고 물었다. "차를 연구하는 사람인데 저곳에 야생 차나무가 있군요."라고 얘기하니 아주머니는 그곳에서 오래 생활했기 때문에 알지만 그것을 얘기한 사람은 처음이라며 놀라워했다.

무 이 암 차 (武夷岩茶 우이옌차)의
탄 배 炭焙

대홍포 골짜기에서 시간을 많이 보냈기 때문에 급하게 어차원(御茶園 위차웬)으로 갔다.

1999년 가을, 그곳을 처음 방문했을 때는 황제에게 진상했던 차를 만들었던 어차원인지를 몰랐었다. 처음 맡아 본 무이암차의 마지막 공정인, 탄배에서 피어난 황홀했던 향기를 지금도 잊을 수가 없다. 독특한 건조 방법인 탄배를 관찰했고 촬영은 할 수 없다고 하기에 관리인에게 사정사정해서 살짝 촬영했던 그 감동의 탄배실을 다시 볼 수 있을까 싶어 들렀다. 그런데 어차원은 지난해 개인에게 팔렸다고 했다. 탄배실 위로 규모가 큰 무이암차 판매장과 차실(茶室)이 새롭게 들어서 있었다. 씁쓸함을 뒤로 한 채 어차원에서 바라보는 우이산의 풍경만 몇 컷 더 촬영을 하고 돌아서야만 했다.

01

02

01 우이산 어차원 입구의 표지석
02 어차원의 탄배실

탄배과정

　무이암차의 특징은 탄배라고 하는 독특한 건조 방법에 있다. 탄배는 숯을 바닥에 깔고 그 위에 재를 덮는다. 그리고 차롱(茶籠) 안에서 무이암차의 공정을 마친 차엽을 건조하는 방법이다.

　그렇다면 탄배는 왜 독특한 방법일까?

　우선 건조에 대하여 알아보면, 건조는 수분이 없어지거나 수분을 없애는 것을 말한다. 자연 상태뿐만 아니라 건조기를 사용해서 수분을 없앨 때, 사용되는 열원으로는 햇볕, 바람, 전기, 가스, 석탄, 나무 등 많은 열원이 있다. 그리고 그 열원의 전달 방식에는 전도열, 대류열, 복사열이 있으며, 건조기에는 모든 방식이 사용되기도 한다.

예를 들어 커피를 볶는다고 가정해보자. 일반적인 로스트리숍에서 사용하는 로스팅기는 대부분 전도, 대류, 복사열이 모두 사용되지만, 집에서 수망을 이용해 로스팅을 할 때는 전도열이 중심이 된다. 아마도 커피를 직접 볶아 드시는 분들은 이해하겠지만 두 커피의 향미 차이는 매우 크다. 전도열을 조금 더 설명하면 고기를 구울 때, 숯불에 구운 것과 프라이팬을 이용해 구운 것은 맛의 차이가 있다. 이처럼 직접 가열하는 방법인 전도열만 놓고 보면 어떤 열원을 사용했느냐에 따라 결과물의 차이가 있게 된다. 열원과 열전달 방식에 대한 이해가 생겼다면 차의 건조에 있어서 열원과 열전달 방식이 굉장히 중요하다는 것을 짐작할 것이다.

차의 건조는 대부분 건조기를 이용하며, 어떤 열원과 열전달 방식에 중심을 둔 건조기인가에 따라 건조 후 향미의 차이가 두드러지게 된다. 일반적인 건조기는 전기식 열풍 건조기로 대류와 복사열에 중심을 두고 있으며 건조기를 사용하지 않는 초청녹차의 건조에는 전도열이 중심이 된다.

그렇다면 탄배는 어떤 열원과 열전달 방식일까?

탄배는 바닥에 숯을 피워 직접 열인 전도열에 중심을 두었고 차롱의 뚜껑을 덮어 대류와 복사열이 생기는 차의 건조에 있어서는 아주 특별한 방법을 사용한다. 그렇기 때문에 묵직하고 웅장한 바위와 같은 무이암차의 특징인 암운(岩韻)이 생기는 것이다.

청차의 분류에서 광동청차(廣東烏龍 광동칭차)라고 하는 봉황단총(鳳凰單欉 펑황딴총) 중에는 우이산 차나무의 한 품종인 수선(水仙) 품종이 많이 있다. 제다 방법은 우이산과 같다. 완성된 차에서는 두지역의 기후와 토양에 의한 향미의 차이는 크겠지만 봉황단총은 같은 탄배의 방법에 숯을 사용하는 것이 아니라, 전기 열선을 주로 사용하기 때문에 무이암차와 다른 향미가 생긴다.

그리고 무이암차를 마셔본 사람들은 연기로 훈제를 한 것 같은 스모크한 향이 있어야 무이암차의 특징인 것으로 알고 있는데 그렇지가 않다. 무이암차를 탄배할 때 사용하는 숯은 연기가 전혀 생기지 않는 백탄을 사용하는 것이 기본이다. 그러면 탄배의 특징에 의해 훈제를 한 느낌은 있지만 숯의 향이 차향을 간섭하지는 않는다.

세계문화유산 우이산. 그 명성만큼이나 아름다운 곳이다. 눈길 가는 곳마다 신비하고 멋진 장관이 펼쳐지지만 이면에는 바가지요금과 불친절이 도사리고 있었다. 그들을 이해하지 못하는 것은 아니지만 눈앞의 이익보다는 내가 잘 사용한 다음 내 아이들에게도 물려줘야 하는 값진 유산의 가치를 퇴색하게 하는 부분들은 시정이 되어야 하지 않을까 생각을 해 보았다.

푸젠성福建省

민난閩南

영혼의 향기 철관음

閩南 Minman

    중국 푸젠성의 남쪽 지역을 민난 지역 이라고 한다.

    중심도시인 샤먼은 아편전쟁 후 강제 개항을 한 홍콩, 샤먼, 푸저우, 닝보, 상하이 등의 다섯 항구 중 하나이다.

    1842년 난징조약에 의해 외국에 개항을 하고, 푸젠성 생산의 차를 샤먼항구를 통해 직접 수출하게 된다. 샤먼은 아모이(Amoy)로도 불리는데, 옛 이름인 下門의 민난화 (閩南話) 발음이 아모이다.

텐푸차 보우웬
(天福茶 博物院)

2003년 4월 24일.

세계 제일의 차 기업 텐푸밍차(天福茗茶)에서 운영하는 텐푸차 보우웬에 들르기 위해 푸젠성의 짱저우(漳州)에 오후 9시 20분에 도착했다. 먼저 숙소를 정하려고 영업용 삼륜자전거를 불러 근처의 호텔로 가자고 했는데 가서 보니 외국인은 투숙할 수가 없다고 했다. 옆에 있는 다른 호텔도 마찬가지였다. 예전에는 외국인이 투숙할 수 있는 곳이 정해져 있었지만 지금은 그런 규정이 없어진 것으로 아는데, 하는 수 없이 좀 고급스런 호텔로 가니 마침 적당한 방이 있었다.

호텔에 들어와 제일 먼저 면도를 했다. 40여일 가량 면도를 하지 않아 덥수룩한 수염과 함께 카메라 가방을 들고 다니는 내 모습을 사진작가로 봐주는 사람들이 많아 타국에서의 행보가 알게 모르게 수월했다.

안시(安溪)에 가면 잘 아는 곳이라 이방인이라고 하는 어려움은 없을 것 같았고, 답사의 끄트머리라 새로운 각오로 면도를 했는데, 그러고 나니 낮선 사람이 거울 속에서 나를 쳐다보고 있었다.

다음 날 텐푸차 보우웬에 들러 볼 예정이었다. 그곳에서 어떤 새로움을 발견할지는 몰랐지만 텐푸밍차가 세계에서 가장 뛰어난 차 기업이 아닐까 하는 생각에, 꼭 방문하고 싶었다.

타이완의 텐런밍차(天人茗茶)가 텐푸밍차라는 이름으로 중국에 진출한지 20년. 텐푸밍차가 세계 정상에 설 수 있었던 것은 그들의 마케팅 전략이 중국에 적중하지 않았나 하는 생각이 들었다. 현재도 그렇지만 20년 전 중국에는 더욱 생소했던 인센티브를 각 점포의 점장들에게 지급하면서 그들에게 희망이라는 새로운 면모를 보여줬으니 말이다.

오랜만에 늦잠을 자고 일어나 버스 정류장으로 갔다. 짱푸(漳浦)까지 운행하는 12인승 봉고 버스를 타니 요금은 8콰이였다. 손님을 조금 더 기다린 봉고 버스는 16명까지 태운 후에야 출발했는데 달리는 것이 아니라 날아가는 느낌이었다. 스릴은 있었지만 손잡이를 꽉 잡은 손엔 땀이 배였다.

텐푸차 박물원은 2002년에 개관을 했고 텐푸밍차 본사 차창이 짱푸에 있다는 것도 텐푸밍차에 관해 평소에 관심이 많았기 때문에 잘 알고 있었다.

01

02

박물원에 도착하니 11시 30분, 그들은 점심시간이었다. 안내를 맡은 분에게 원장님이 계시냐고 물어보니 점심시간이 끝나고 오후 2시가 되어야 돌아온다고 했다. 돌아오면 뵙고 싶다는 얘길 전해 달라하고 박물원 견학을 했다. 항저우의 중국차엽박물관과 비교해 갖추어진 내용은 그렇게 풍부하지 못했지만 아주 깔끔했으며 직원들의 친절함은 매우 인상적이었다.

01 텐푸밍차 차장
02 텐푸차 박물원
03 박물원 내부

03

텐푸밍차에서 생산하는 차와 차 도구에 대해 잘 알고 있어서 그런지 예상 밖의 대접을 받았다. 지금은 제수씨가 되어 한국 국적으로 살고 있지만, 그 당시 제수씨는 산동성(山東省) 웨이하이(威海)의 텐푸밍차에서 고급 다예사로 근무했고 나에게 틈틈이 한국말과 중국차의 제다와 품평 등을 배우고 있었기 때문에 텐푸밍차의 제품에 대해 내가 잘 알고 있는 것은 당연했다.

그곳에 일본 다실이 있었다. 그 곳으로 안내를 받아 말차(抹茶) 시연과 차 대접을 받았다. 말차 행다(行茶)를 하는 직원의 동작은 절도가 있었고 품격이 넘쳤다. 어디서 일본 다도(茶道)를 배웠냐고 물어보니 일본의 차인이

01

그곳에 와서 직접 가르쳐 주었다고 했다. 아주 훌륭하다고 칭찬하니 "아리가도우 고자이마스(ありがどう ございます)"라며 답례를 했다.

오후 1시가 조금 지나 한국관을 돌아보는데 박물원 원장의 연락을 받고 만남이 이루어졌다. 호탕한 성격의 원장께서는 한국의 유명 차인들의 성격까지 알고 있을 만큼 한국의 여러 차회와 교류가 잦은 분이었다.

그분은 한국에 차회들은 많이 있어도, 회원들이 차를 많이 마시지 않는 것이 아쉽다는 얘기를 했고, 한·중 차 문화 교류가 더욱 활발해 지기를 희망한다는 얘기를 했다.

02

01 텐푸차 박물원의 일본 다실
02 텐푸차 박물원의 한국다구 전시관
명원(茗園)문화재단에서 기증했다.

텐푸차 전통다도 시연
텐푸밍차의 전통다도 시연은 그날 관객이 없어 취소
가 되었는데, 원장의 배려로 관람을 할 수 있었다.
열 명이나 수고를 해야 했다.
화려한 의상과 능숙한 동작. 가슴을 울리는 얼후(二胡)
의 아련한 소리. 꿈길을 걷는 듯, 호접몽(胡蝶夢)이 떠
올랐다.

텐푸밍차의 회장 리루이허(李瑞河)

타이완 태생인 그가 선조들이 살았던 짱푸에 텐푸밍차란 이름으로 중국에 진출한 것은 1993년이다. 현재 중국 전역에 300개가 넘는 직영점과 동남아를 비롯해 미국과 캐나다까지 차와 차 문화를 진출시켰으니 가히 이 시대의 육우(陸羽)가 아닐까?[30]

텐푸밍차 박물원을 세운 이유가 일본 다도를 보면서 차 문화가 중국에서 전래되어 일본은 다도를 이루었는데 그들도 그들의 것을 계승 발전시켜야 한다는 생각 때문이었다고 한다. 텐푸밍차가 영리를 목적으로 하는 사업체 이기는 하나 영리만을 목적으로 했다면 지금의 모습은 아니었을 것이다. 그분의 차 사랑에 대한 노고에 가슴 깊이 감사를 드렸다.

우이산에서는 그렇게 덥지 않았는데 짱푸는 벌써 여름이었다. 한낮의 기온은 30℃를 넘었다. 기온 차가 심해서일까 컨디션이 좋지 못했다. 대로에서 한참을 기다려 짱저우로 가는 버스를 탔다.

짱저우에 도착하니 오후 5시 20분. 안시로 가는 막차는 떠나고 난 뒤였다. 굳이 가려고 하면 방법이 없는 것은 아니었지만 안시에 도착해도 쓰핑(四平)으로 가는 차가 없을 것 같아 짱저우에서 하룻밤을 더 보내고 다음날 아침 안시로 떠나기로 했다.

숙소로 가기 전, 짱저우의 차 도매시장을 둘러보니 특별히 눈에 들어오는 것은 없었으며 안시의 차 도매시장을 축소해 놓은 건물이 좀 엉성해 보였다.

---

30) 타이완의 텐런밍차(天仁茗茶)가 중국 텐푸밍차(天福茗茶)의 모 회사다.

철 관 음(鐵觀音 티에관인)의
고 향 쓰 핑(四平)

호텔에서 제공하는 아침을 든든히 먹고 안시로 출발했다. 짱저우를 출발해 2시간 30분 만에 꽌쵸(官橋)에 도착했고 그곳에서 버스를 갈아타고 다시 쓰핑으로 향했다. 왕창청(王長成)형이 사는 철관음 발원지에는 점심 시간이 지나서 도착했다. 온 마을에 차향이 가득했고 나는 커다란 찻잔 속을 유영하는 듯 했다.

왕창청 형의 집에 들어서자 큰아들과 쌍둥이 두 딸이 삼촌 많이 보고 싶었다며 인사를 했다. 초등학교 6학년인 막내가 차를 내어왔고 형에게 그간의 안부와 전화가 불통인 이유를 물었다. 지난 11월과 12월에 전화세를 못내 전화가 끊겼고, 1월에 전화세를 냈는데 몇 달이 지나도 연결을 해주지 않는다고 했다. 힘없는 백성이기 때문에 어떻게 할 방법을 찾지 못할 뿐더러 큰 불편이 없으니 그냥 그런 말만하는 형을 보니 내가 더 답답했다. 세계화를 지향하는 중국이 언제 이런 서민들도 존중해 주는 세계 일류

국가가 될런지, 우리나라는 또 어떤지….

왕창청 형. 그는 철관음의 발원지인 안시의 쓰핑에서 부인과 아들 그리고 쌍둥이 두 딸과 함께 차 농사를 지으며 산다. 2000년 가을, 내가 처음 쓰핑을 찾았을 때 그는 철관음 발원지에 모신 사당을 청소하고 있었다. 그곳의 관리인이다 싶어 그곳에서 생산되는 철관음에 대해 묻고 답하기를 했다. 철관음에 대한 자부심과 제다에 대한 자신감이 얼마나 대단했던지…. 그 후 형과 친해진 후, 매년 4월 말이면 그에게 청차 제다의 기술을 배웠고 형이지만 친구처럼 허물없이 지냈다.

내가 알고 있는 중국차 산지의 친구들 중, 가장 어려운 살림살이를 꾸려 가지만 누구보다 행복한 삶을 살고 있음을 안다. 자식이 많아 어려운 살림살이에 공부시키느라 힘이 들어 딸 아이 하나를 공부 시켜주면 자신의 일년 차 농사의 반을 주겠다던 그 말이 아직도 마음에 걸려 있다. 학교 공부는 많이 하지 못했지만 순수와 진실과 성실이 남다르며 나에게 말 없는 가르침을 주는 그런 형이다.

철관음 발원지

왕꺼(王兄)가 많이 바빴다. 많은 양의 차엽은 실내위조가 진행 중이며 포유(包揉)와 단유(團揉)를 반복하는 모습 등 차 만들기가 한창 진행 중이었다.

한숨 돌릴 틈도 없이 사진 촬영을 했다. 카메라를 들고 좁은 왕꺼의 집 안을 이리저리 옮겨 다녔지만 형은 고맙게도 여러 설명을 곁들이며 불편한 내색을 전혀 하지 않았다. 촬영을 하기가 미안해 카메라를 내려놓고 왕꺼의 일을 거들었다.

얼마 후, 형수와 쌍둥이가 차엽을 가지고 왔다. 차엽을 위조하기 위해 햇볕에 펼쳐놓고 나니, 형수가 오리를 한 마리 들고 밖으로 나갔다. 나중에 그 오리가 식사 테이블에 올라 왔기에 고마움과 미안함이 범벅된 내 표정을 본 왕꺼는 "귀한 손님이 왔는데…"하며 웃어넘겼다.

청차의 제다
채엽-위조-정치-요청-살청-유념-포유-단유-해괴-건조

01

02

01 청차의 햇볕위조
02 실내위조
03 정치
04 요청
05 살청
06 살청을 마친 차엽
07 청차용 유념기

01 포유
02 단유
03 해괴
04 건조
05 건조 후 1차완성

초등학교 6학년인 두 딸과 중학교 2학년인 아들의 손놀림도 차를 만드는 차농의 아이들다웠다. 하기야 그곳 초등학교 교과서에 안시에서 생산되는 차에 관한 소개와 품종의 구별과 특징 그리고 기초 제다가 모두 나와 있으니 그럴 만도 했다. 왕꺼는 철관음 품종과 본산(本山 번산), 오룡(烏龍 우롱), 황금계(黃金桂 황찐꾸이)등의 차엽을 들고 와서 나에게 관찰해보라고 했다.

얼핏 보기에는 차이가 없지만, 자세히 보면 큰 차이가 있었다. 완성된 차의 향미가 다름을 알지만, 차엽을 보고 품종을 구별한다는 것이 내게는 보통 어려운 일이 아니었다. 그것들을 구분해 놓고 촬영을 하는데 옆에서 큰 아이가 웃으며 이것저것 설명을 해주었다. 왕꺼가 지난해 초등학생들이 보는 안시 차에 관한 교과서를 내게 한 권 주며 품종 구별법을 잘 살펴보라고 했는데 아직도 구별이 힘드니 무엇을 공부했는지 부끄러워졌다.

01 본산, 철관음, 오룡
02 본산과 철관음의 차엽 비교. 자세히 보면 결각이 다르다. 우측이 철관음.

01　02

밤 12시가 넘었다. 차엽을 손 봐야하는데 피곤함은 밀려왔고 1시쯤 되
니 눈이 감겼다. 왕꺼는 저렇게 혼자서 고생을 하는데 먼저 잠자기가 미안
했지만 어쩔 수 없이 눈을 붙였다. 왕꺼의 작업장에 오면 언제나 그랬던
것처럼 그냥 그렇게 잠이 들었다.

햇볕위조

영혼의 향기
철관음

왕꺼의 작업장에서 잠이 들었고 왕꺼는 거의 쉬지를 못한 것 같은데, 여섯 시가 되어 아침 식사를 하자며 나를 깨웠다. 일어나니 모두들 내가 일어나기를 기다린 모양이었다. 세수도 않고 식사부터 했다.

전날 오후 위조를 시작한 차엽은, 지난 밤 기온이 많이 떨어져, 위조가 덜된 탓에 오후에 살청을 한다고 했다. 그래서 형수와 쌍둥이는 좀 늦게 차밭에 나간다고 했다. 비가 오려는지 온통 안개로 가득한데 왕꺼는 그날 많이 더울 거라고 했다.

쓰핑의 초등학교와 중학교는 철관음을 만들기 시작하는 곡우부터 12일간의 방학을 했다. 그래서 아이들이 집에서 부모의 일을 거들고 있었다. 9시쯤 형수와 쌍둥이가 차밭에 나갈 때 큰아이를 데리고 차밭으로 갔다. 왕꺼의 차밭은 철관음 발원지의 사당 왼쪽에 있었다.

차밭은 온통 안개로 뒤덮여 있어 촬영하기에는 좋지가 못했다. 바지는 이슬 때문에 무릎까지 축축해졌고 윗옷은 땀에 젖었다. 왕꺼 차밭의 해발은 700m 정도. 산의 정상 부근에도 온통 차밭이었고, 고도계를 보니 해발은 900m 정도였다.

다시 왕꺼의 작업장에 돌아와 점심을 먹고, 전날 촬영한 수작업의 사진이 그다지 좋지 못해 형에게 다시 부탁을 했다. 발로 밟아 포유하는 모습과 단유한 차엽을 해괴하는 모습을 카메라에 담았다.

반구형청차(半球形靑茶) 또는 환형청차(圜形靑茶)라고 하는 차의 동글동글하게 말려져 있는 모양은 포유, 단유, 해괴를 서너 차례 반복해야 한다. 예전에 포유기와 단유기가 없던 시절에는 수작업을 했고 왕꺼의 포유와 단유의 기술은 그 마을에서 최고였다고 한다. 그런 왕꺼에게 포유 기술을 배운 덕에 나도 포유는 잘 할 수 있었다. 한국으로 돌아와 녹차를 만들 때 살청을 마친 차엽을 보자기에 싸서 차엽을 조금도 부서지지 않게 유념하는 방법은 청차 제다의 공정인 포유와 단유에서 응용한 것이다.

왕꺼와 큰아이는 작업을 계속했고, 그렇게 바쁘지 않았기 때문에 평소에 만들고 싶었던 상상 속의 차 만들기를 실험해 해보았다.

청차를 만들 때 위조를 계속 진행시키다가, 일정한 시점에서 산화효소의 활동을 중지시키기 위해 살청을 하는데, 살청을 하기 전 차엽의 향이 최고조에 달했을 때 그 차엽으로 청차가 아니라 홍차를 만들면 향미에 어떤 변화가 생길까?

01

02

01 수작업으로 포유하는 모습
02 단유 후 해괴하는 모습

언제나 그런 실험을 하면서 나만의 차를 만들고 싶었다.

차엽을 따는 형수와 쌍둥이의 수고스러움이 생각나 많은 양을 사용하기가 미안했고, 적은 양으로는 전색(轉色)의 진행이 더디어 지겠지만 변화만 확인하면 되니 작업을 시작했다.

오후 5시가 가까워져 차엽을 가지러 차밭으로 가는 길에 보니 그곳에 아주 재미있는 풍경이 있었다. 높은 곳에 있는 차밭에서 왕꺼의 집 근처에 로프가 다섯 가닥 정도 있는데, 길이는 300m 이상 되어보였다. 위에서 차엽을 담은 자루에 낙하산 모양의 천을 달고 로프를 이용해 아래로 내려 보내면, 낙하산 구실을 하는 천이 펴져 차엽은 안전하게 운반 되었다. 차 만들기에 관해 상상을 초월하는 중국인들이라 운반에도 그렇게 멋진 방법을 사용했다.

로프에 매달린 차엽을 담은 자루들이 내려오며 "쉥~ 쉥~" 하는 제법 박진감 넘치는 소리는 산 전체에 울려 퍼졌고 멋진 소리 덕에 공수부대의 낙하산 시범보다 더 재미있는 장면을 구경하는 듯했다.

높은 곳에서 로프를 이용해 차엽을 운반하는 모습

잠시 후 형수와 쌍둥이가 무거운 차엽의 자루를 메고 나타났고 그것을 받아들고 왕꺼의 작업장으로 갔다. 저녁을 먹고 내가 실험한 차를 건조했다. 양이 적어 청차의 모양은 제대로 만들지 못했지만 완성하고 나니 청차의 향과 홍차의 맛을 함께 가지고 있었다. 향기 발생에 느낀 바가 많았다. 그럴 때 마다 느끼는 감동이지만 실험을 반복할수록 자신감이 쌓여갔다.

밤늦은 시간까지 왕꺼의 일을 거들었다. 전날에는 내가 먼저 잠을 잤는데, 그날도 먼저 자려니 고생하는 왕꺼를 생각해 그럴 수가 없었다. '촬영을 마쳤으니 떠나야 하나? 아니면 실험한 차를 다음날 한 번 더 만들어봐야 하나?' 갈등이 생겼다. 그러나 변화를 확인했으니, 다음날 그곳을 떠나야겠다고 결정했다. 내가 오래 있으면 왕꺼가 불편할 것 같았다. 일을 거든다고는 하지만 왕꺼는 내게 손님 대접을 하니 나도 좀 불편했다. 다음에는 카메라를 들지 않고 제대로 왕꺼의 일을 거들고 싶었다.

다음날 아침, 정치(靜置)해 놓은 차엽을 보니 상태가 아주 좋았다. 오후에 안시로 나가려 했는데, 형이 많이 바빠 보여서, 떠난다는 말이 나오지 않았다. 그래서 오전에는 왕꺼의 일을 도왔다. 점심이 되어 형이 국수를 삶았다. 국수를 먹으며 곧 안시로 나가서 다음날 웨이하이로 떠난다고 얘기를 꺼냈다. 형은 여기가 불편하냐고 되물으며 며칠 더 같이 보내자고 했다.
며칠 있으면 오일절인데 그 기간에는 이동하기가 어려우니, 조금 빨리 떠나야 한다고 만류하는 왕꺼를 설득시켰다.

중국에는 춘절(春節)이라고 하는 설날이 가장 큰 명절이며, 오일절이라는 5월1일 노동절과 국경절이라는 10월1일 건국기념일은 일주일에서 십

일 정도의 휴가가 주어지니 중국 전체가 소란스러울 정도로 복잡하다.

점심을 먹고 왕꺼와 마주앉아 전날 만든 철관음을 마셨다. 역시 철관음
의 향미!! 알싸하게 감도는 철관음의 향기를 음운(音韻)이라고 하며, 철관
음을 청차 중의 최고라고 한다. 향기에 있어서는 나 역시 그렇게 생각을
한다. 철관음의 향기를 난화향이라고들 하는데, 실제 향기는 계화향에 가
깝다. 철관음을 마시고 입속으로 숨을 크게 들이 쉬면 치아에 알싸함이 느
껴지게 된다. 그래서 현지의 차농들은 '철관음은 내가 알아차리기 전에
치아가 먼저 안다.' 라는 말을 한다.

청차는 난화향(蘭花香), 밀란향(蜜蘭香), 우내향(牛奶香), 계화향(桂花香) 등
향기가 특징이다. 좋은 향기는 뇌 속의 신경물질 생성을 촉진해 감정과 호
르몬 분비에 이롭다고 한다. 아로마테라피(aroma therapy)가 유행하는 이
유다. 때문에 향기 좋은 청차를 마실 때, 기분이 상쾌해지고 심신이 안정
되는 것은 아로마테라피와 같은 이유인 것이다.

나는 고등학교 1학년이던 1983년, 통도사 서운암에서 그 당시 무척이나
귀했던 철관음을 처음 마셨다.
통도사는 타이완의 불광산사와 자매결연을 맺었고, 강원의 학인 스님들
중에는 방학을 이용해 불광산사를 방문하는 분이 있었다. 돌아오는 길에
오룡차와 철관음을 구입해 차를 좋아했던 강원의 감원스님(살림살이를 맡은
스님) 께 선물을 했다. 선물을 받은 강원의 감원 소임을 맡았던 기후스님이
주석했던 서운암에서 나는 다동(茶童)을 했기 때문에 그 귀한 철관음을 접
할 수 있었다.

녹차도 귀했던 시절, 처음 마셔본 철관음의 향기는 하늘을 나는 듯 살아 움직임을 느꼈었다. 철관음이 좋았다. 향기가 좋았고 무엇보다 철관음이라는 이름이 좋았다.

선승(禪僧)인 기후스님은 매일 저녁 삼매에 들었고, 난 그 모습을 따라하기를 무척이나 좋아했었다. 스님의 옆자리에 자리를 깔고 앉아 스님을 흉내 낼 때 깊은 곳에서 피어났던 철관음의 향기, 그 영혼의 향기가 좋았다.

그날, 순박한 왕꺼와 마주앉아 철관음을 마시니, 그때 그 영혼의 향기가 되살아났다. 서운했지만 왕꺼의 집을 나섰다. 형의 집을 나와 배웅 나온 큰아이에게 짐을 맡겨놓고 차밭에 올라가 형수와 쌍둥이들에게도 작별인사를 했다. "삼촌 언제 또 올 건데요? 꼭 오세요." 라고 인사하는 아이들의 손엔 차엽이 한 주먹씩 쥐어져 있었다.

전날 저녁 "방학해서 공부 안하니까 좋지?" 라고 했더니 "공부하는 게 더 좋아요. 방학해서 매일 차잎을 따러 다니니까 얼마나 힘 드는데요." 라고 하던 막내의 얘기가 떠올라 마음이 무척 아팠다.

안시에 도착해 롱씽차예(龍興茶業)에 들어서니 황(黃) 사장이 반갑게 맞아주었다. 쓰핑에 다녀왔는지 묻고는 그동안의 안부와 올해 쓰핑의 철관음은 어떠했냐며, 그곳 차의 품평을 물었다.

이런 저런 이야기를 나누다 뜻 밖에도 황 사장은 다음날 시간이 되면 자신의 차창에 함께 가보자고 했다. 롱씽차예의 차창에는 타이완 공정사가 관리를 하고 있으며 안시의 전통제다 방법과 차이가 있음을 알기에 무척 기대가 되었다.

안시의 차 도매시장에서는 차를 구매하기 전, 철저히 향미를 확인한다.
가장 확실한 방법은 직접 포차를 해보는 방법이다.
사진과 같이 개완(蓋碗)과 뜨거운 물이 준비되어 있고,
개완과 뜨거운 물을 사용하는데 우리 돈 40원 정도를 낸다.

청차 만들기의
새로움

오전 6시 50분에 알람을 맞춰 놓았지만, 그 소리를 듣지 못했다. 7시 30분에 황 사장과 만나기로 했는데 일어나니 7시 20분이었다. 창밖을 보니 매장의 문은 열리지 않았다. 세수만 대충하고 나가니 막 출근한 직원이 매장 문을 열었다.

7시 40분, 황 사장이 반가운 미소로 아침 식사를 하러 가자고 했다. 아침 식사가 멀건 죽만 한 그릇 마시면 되니 간단해서 좋았다. 식사를 마치고 황 사장의 자가용을 타고 그의 차창으로 출발했다. 오랜만에 에어컨이 나오는 자가용을 타니 소풍을 가는 듯한 기분에 저절로 미소가 나왔다.

황 사장은 타이완 분이며 예전에 전자제품의 기판을 제작하는 사업을 광저우(廣州)에서 했는데, 사업이 순조롭지 못해 차 사업을 시작하게 되었다고 들었다. 타이완 차와는 차이가 있는 철관음과 황금계 등을 안시에서 생산해 타이완에 수출하고 타이완에서는 질 좋은 포장 재료와 중국에서 잘 알지 못했던 향료를 들여와 판매를 하는데 성품도 좋고 사업 수완도 좋아서 안시에서 롱씽차예는 유명 점포가 되어 있었다.

차창으로 가는 길에 타이완 청차와 안시 청차에 대한 이야기를 나누었다. 제다 기술의 차이가 있기는 하지만 그 부분은 서로 나눌 수 있으며, "가장 중요한 것은 토질과 품종의 차이라고 생각한다." 라고 황 사장은 말했다. 그러며 그날 자기를 좀 도와달라고 했다. 무슨 얘긴가 했더니 황 사장의 차창이 있는 곳의 촌장과 트러블이 있어 그곳 공안국(公安局 중국 경찰서)에서 그날 중재를 하기로 했단다. 해서 카메라를 들고 있는 내 모습이 기자처럼 보이니 그곳의 차를 취재 나온 한국의 기자라고 소개할 테니 누가 물어보면 그렇게 대답을 해달라고 부탁했다. 그러면 그곳 공안국 관계자와 촌장도 대화가 좀 부드러워지지 않겠냐는 것이었다. 뭐 어려울 것도 없지만 내가 가짜 기자 역할을 하려니 조금 어색했다.

황 사장의 차창까지는 도로가 좋지 못해 한 시간 정도가 소요됐다. 우선 공안국에 도착해 황 사장이 그날 모인 분들에게 나를 소개하니, 그들의 문제 보다 안시의 차를 어떻게 소개할 것인지 나에게 물었다. 뭐! 차 이야기가 나왔으니 어려울 것이 없었다.

"안시 지역의 철관음이 아주 유명하며 독특한 특징을 가지고 있지만, 변화하는 소비자의 취향에 잘 따라가고 있는지 의문이 듭니다. 타이완의 청차들과 비교할 때, 조금 무거운 듯이 느껴지는 것은 혹시 저만의 생각일까요? 여기 황 사장께서 생산한 여러분 촌락의 철관음을 전날 맛보았는데 향미가 요즘 사람들에게 아주 적당하다고 느꼈고 또한 후미의 특별한 여운이 있었는데, 그것은 이곳 촌락의 토질과 제다 기술의 발전이라고 생각합니다. 저는 그것을 중점적으로 보도할 것인데 여러분들은 어떻게 생각하시는지요?" 모인 사람들은 모두 박수를 치며 자기네 고장의 차를 알리기 위해 고생이 많다며 격려를 해주었다.

다시 그곳 촌장께 황 사장의 투자와 기술 이전 등을 이야기하며, "촌장님의 배려가 있어야 지역 발전에도 큰 도움이 되지 않겠습니까." 라고 한마디를 덧붙이고 그분들이 토의를 하는 동안 나는 잠시 자리를 비켰다. 얼마 후 토의를 마치고 나오는 황 사장이 미소를 머금고 나에게 고맙다는 말을 건넸다. 일이 잘 해결된 모양이었다. 공안국을 나와 황 사장의 차창으로 갔다.

몇 번 만나 면이 있는 타이완 공정사가 먼 길 왔다며 반갑게 맞아주었다. 황 사장의 차창에는 타이완에서 생산된 장비들이 많았고 제다를 할 때는 쓰핑과 비교해 여러 부분 차이가 있었다.

햇볕 위조를 10분 정도 한 후 실내로 옮겨 차엽의 열기를 식히기 위해 에어컨으로 온도를 떨어뜨렸다. 정치(靜置)를 할 때 차엽이 포개지는 양이 적었고 에어컨이 있는 정치실을 따로 만들어 정치의 시간과 횟수를 조절할 수 있게 해 놓았다. 요청(搖靑)의 시간은 2분 정도. 요청기의 회전은 조절을 했지만 대략 분당 40회 정도였다.

그렇게 정치와 요청을 3~5회 정도 반복을 하는데, 그곳에서는 3회 정도 반복 한다고 했고, 정치 시간은 대략 2시간 정도 되었다.

살청은 최대 용량 10kg의 원통 살청기에 5kg 정도를 넣었다. 온도계는 250℃였고, 1분 정도 살청을 했으며 원통 살청기 역시 회전을 조절했다. 안시지역의 청차와 타이완 청차의 제다 기술 비교를 새롭게 이해했다.

평소 정치 할 때, 온도와 향기의 발생에 관한 연관성에 의문이 많았는데 그곳 차창의 정치실에 에어컨으로 온도 조절 하는 것을 보고 그 연관성에 확신을 가졌다. 그래서 그 부분을 타이완 공정사에게 물어보니 쓰핑과 가장 큰 차이가 바로 그런 부분이라며 내게 엄지를 들어보였다. 차창 직원들의 손놀림은 쓰핑의 왕꺼에 비해 초보 수준이었지만 타이완 공정사의 관리와 기술지도, 그리고 타이완의 좋은 장비들이 있어 황 사장 차창의 철관음 품질은 아주 뛰어났다.

01 02

03 04

05

06

07

01, 02 청차는 햇볕위조가 반드시 필요하다. 녹차를 만들 때 사용하는 어린 찻잎이 아니라, 그 찻잎을 보름이상 키웠기 때문에, 녹차에 비하면 청차의 찻잎은 조금 억센 편이다. 그래서 10분 정도라도 햇볕위조를 반드시 해야 차엽이 제대로 시들어져 다음 공정을 진행할 수 있다.

03 환형(圜形) 혹은 반구형(半球形)이라고 하는 둥글둥글하게 말려 있는 청차는 건조를 하고 보면 줄기가 남게된다. 줄기가 매우 중요했기 때문에 줄기와 함께 1차 완성이 된 것이다.

04 녹차는 줄기가 들어가지 않게 채엽하지만, 청차의 채엽은 줄기가 반드시 포함되어야 한다. 그 이유는 정차를 하면 차엽의 가장자리부터 마르는데, 만약 그 상태로 살청을 하게 되면 200℃가 넘는 살청기의 열에 의해 차엽의 가장자리가 모두 부서지기 때문이다.

05, 06 그 다음 마른 줄기를 제거하는 번거로운 작업이 있지만 줄기는 제거하는 것을 원칙으로 한다.

07 햇볕위조를 마친 차엽은 실내로 옮겨 실내위조를 하여, 햇볕에 의해 상승된 온도를 떨어뜨려야 한다. 그렇지 않으면 차엽이 붉게 변해 청차를 만들 수 없게 된다. 롱씽차예의 차창에서는, 에어컨을 이용해 빠른 시간에 차엽의 상승된 온도를 떨어뜨렸다. 그러면 에어컨을 사용하지 않는 쓰핑 지역에서는 어떻게 할까? 절묘하게도 안계 지역은 석재의 생산이 많은 곳이라, 그 지역 집의 벽은 대부분 두꺼운 돌로 쌓았다. 그 덕에 실내로 들어가면 싸늘함을 느끼게 되는데, 에어컨이 없어도 실내 위조를 하기에는 아주 좋다.

08 실내위조를 하여, 햇볕위조에서 상승된 차엽의 열기를 식히고 나면 정치를 하게 된다.

09 정치를 할 때, 차엽을 너무 많이 쌓지 않아야 향기 발생에 유리하다. 정치의 진행으로 차엽의 가장자리가 마른다.

10 요청기를 이용해 차엽을 흔들게 되는데, 이때 차엽은 요청기의 회전에 의해 화학변화가 가속되어 독특한 향기가 생겨나게 된다. 특히 삼투작용에 의해 줄기에 있는 수분이 차엽으로 이동하여, 살청을 할 때 차엽의 가장자리가 부서지는 것을 방지한다. 그런 이유 때문에 청차를 만들기 위해서는 줄기를 함께 채엽한다. 정치의 시간은 대체로 2시간이며, 요청의 시간은 2분 정도로 아주 짧다. 그리고 실내위조와 정치, 그리고 요청을 요즘은 주청(做靑)이라고도 한다. 향기의 발생과 시들기의 정도를 보며 이 공정을 3~5회 정도 반복한다.

08

09

10

11

12

13

14

11 정치와 요청을 몇 차례 반복하여 차엽의 향기가 원하는 수준이 되었을 때 살청기를 이용해 차엽의 색변화를 중단 시키며, 향기도 고착시킨다.

12 바닥이 움푹파인 청차용 유념기를 이용해, 유념을 한다. 유념의 시간은 말려지는 정도에 따라 다르며, 2∼3분 정도 진행된다. 여기까지의 공정을 마치고 건조를 하게 되면, 무이암차와 봉황단총 등의 길쭉하게 생긴 조형청차(條形靑茶)가 된다.

13 청차의 둥글게 말린 모양을 만들기 위해서는 포유, 단유, 해괴의 공정이 진행된다. 포유는 보자기와 같은 천에 쌓인 차엽을 강한 압력으로 아주 단단하게 둥근 공처럼 만든다. 무게는 5∼6Kg 정도 된다. 포유를 하고 나면 단유라고 하는 공정이 진행된다.

14 단유는 회전판 위에서 360도 회전을 한다. 10분 정도 굴리게 되는데, 신기하게도 보자기 안에서 차엽은 둥글게 말린다.

15

16

17

15 해괴는 단유한 차엽을 풀어주는 작업이다. 이와 같은 장비의 회전을 이용하면 1분이 채 걸리지 않는다. 포유, 단유, 해괴는 2~3회 혹은 차엽의 말려진 상태를 보아 3~4회 반복하며, 이때 환형 청차의 둥글둥글한 모양이 생긴다.

16, 17 건조는 다양한 방법으로 행해진다. 줄기와 함께 1차 완성된 환형의 청차가 된다.

232

그렇게 답사의 종착지에서 새롭고 중요한 부분을 배우게 되어 무척이나 기뻤다. 저녁은 차창 직원들과 함께 먹고 어둠이 내릴 때쯤 안시로 향했다. 나보다 더 검게 그을린 타이완 공정사의 노고와 열정이 그가 만든 차향에 배어 있었다.

황 사장의 매장에 도착하니 황 사장과 의형제로 지낸다는 분이 와있었다. 그분은 자신의 차창에서 만든, 그해 안시 차왕(茶王) 선발에 나갈 철관음을 황사장께 자랑삼아 가지고 왔고, 나는 그 귀한 차를 맛볼 행운을 얻었다. 그 철관음의 향미가 꿈길을 걷는 듯 어찌나 황홀하고 뛰어났던지 숙소로 돌아가서 할 일이 많은데도 자리에서 일어설 수가 없었다. "내 생애 최고의 차"라고 극찬을 하자, 그분께서 그 귀한 차를 몇 번 정도 마실 수 있는 양을 내게 주셨다. 얼마나 좋았든지 "괜찮습니다."라는 말 보다 "고맙습니다."라는 말이 먼저 나와 버렸다.

그분이 양이 적어 미안하다고 하자, 황 사장은 대신 자신의 차창에서 생산한 최고급 철관음을 내게 선물하겠다고 했다. 직원에게 포장을 하라고 할 때 그것은 사양 했지만, 그날 공안국에서의 일이 고마웠다며, 그 귀한 철관음을 기어코 내 손에 쥐어 주셨다.
개인적으로 황 사장께 감사한 일이 한 두 가지가 아닌데, 나의 조그만 일로 선물을 받는다는 것이 무척 죄송스러웠다. 그 마음을 아셨는지 앞으로 한·중 차인들의 교류에 큰 역할을 하라며 격려와 응원을 덧붙여 주셨다.

푸젠성을 떠나던 날, 좀 더 쉬고 싶다는 생각이 들었지만 그럴 수가 없었다. 전날 안시에 늦게 도착했기 때문에 비행기표를 찾지 못했다. 일어나서 여행사부터 들리니 다행히 비행기표는 예약이 잘 되어 있었다.

숙소를 나와 황 사장의 매장에 들른 시간은 오전 8시, 때마침 청소와 정리를 마친 모양이었다. 여유시간이 있어 롱씽차예에서 향긋한 철관음을 마시며 그곳 직원들에게 감사하다는 인사를 하고 샤먼(廈門)으로 향했다.

지메이(集美) 정류장엔 10시 30분에 도착했고 샤먼공항에는 11시에 도착했다. 12시 40분 샤먼발 칭다오(青島)행 SC 213편. 탑승 수속을 마치고 비행기를 탈 때 보니, 일반 점보기가 아니고 산동 항공의 소형 제트 여객기였다. 비행기를 보는 순간 기분이 언짢아졌다. 부당한 공항 이용료를 징수당했기 때문이다.

중국의 공항 이용료는 세 종류가 있다. 64인승 미만과 64인승 이상 그리고 국제공항 이용료이다. 요금은 20콰이, 50콰이, 90콰이이다. 내가 타려던 비행기는 64인승 미만의 소형비행기라 공항 이용료가 20콰이인데, 나는 50콰이를 지불했다. 아마 그 비행기의 다른 승객들도 50콰이의 공항 이용료 티켓을 샀을 것이다.

공항 이용료 티켓을 살 때 물어 봤어야 했는데, 물어 보지 않은 것은 내 불찰이지만, 탑승 전에 어떤 종류의 비행기인지 승객이 어떻게 알 수 있을까? 카운터에서는 알면서도 먼저 묻지 않으면 얘기를 해주지 않는다. 대부분의 이용객들은 그런 규정을 알지 못하기 때문에, 아마 '묻지 않으면 얘기하지 말라는 교육을 받지 않았을까?' 라는 생각이 들었다. 다른 사람들은 모두 태연한데 나는 그런 태연함을 누릴 수가 없었다. 언제쯤 그런 어이없는 일이 없어질까? 비행기에 탑승해 따져볼까도 생각했지만, 그렇다고 환불을 해줄리 만무하고 나만 속상하면 되니, 모르는 다른 사람들의 기분까지 망칠 것 같아 마음을 바꾸었다. 그래도 한국에서는 타기 어려운 소형 제트기를 타는 또 다른 재미가 있었으니….

3월15일 웨이하이에서 출발했고 다시 웨이하이로 가기 위해 칭다오행 비행기에 몸을 실었다. 비행기에 탑승을 하고 지난 47일간의 여행을 생각하며 눈을 감았다.

'차 만드는 사람은 차를 만들 때 가장 행복하다.' 라고 했던 백차 차창의 장 사장을 떠올렸고, 아무 문제없이 여행을 마무리할 수 있게 마음을 보태준 지인들과 중국의 차농들을 떠올렸다. 낮은 곳에 있으면서 가장 높은 배려의 마음을 가지고 사는, 차의 성품과 같은 그분들께 진심으로 머리 숙여 감사를 드렸다.

차의 이해와 분류

같은 용어
다른 개념
발효와 발효차

1. 전색(轉色)과 발효(發酵)

차를 음용하는 분들과 대화를 하다보면, 맛은 없지만 건강에 좋다고 하여 차를 마신다는 분들이 많다. 맛을 얘기하면 떫은 맛이 싫고, 또한 녹차는 성질이 차다고 하여 꺼려하는 분들도 있다. 대신 발효차는 발효가 되었기 때문에 성질이 따뜻해서 좋다고 한다.

과연 차의 맛은 떫고, 녹차는 성질은 차며, 발효차의 성질은 따뜻할까?

차를 공부하는 분들이나 차에 관심을 가지고 있는 분들을 만나면, 차의 종류가 너무 많아 이해하기 어렵다고 한다.

과연 차의 종류가 많아서 차를 이해하기 어려운 것 일까?

이런 의문점들을 하나하나 풀어가며, 차의 세계로 한발 더 다가가 보자.

넓고 깊은 차 세계로의 여행은 먼저 녹차(綠茶), 황차(黃茶), 청차(靑茶), 백차(白茶), 홍차(紅茶), 흑차(黑茶)라고 하는 6대 차의 분류 개념을 이해해야 한다.

차의 6대 분류는 '그 차들이 어떻게 만들어 지는가' 에 따른 제다(製茶) 방법에 의해 나누어진다. 녹차를 만들기 위해서는 녹차에 가장 적합한 찻잎을 선택해야 하고 다른 차들도 이와 같지만, 같은 찻잎으로 분류상의 모든 차를 만들 수 있다는 것이 제다에 의해 차의 분류를 나누는 이유다.

우선 차의 분류를 나누는 기준이 되는 제다를 살펴보면, 발효(發酵)의 개념과 차계(茶界)에서 이야기 하는 차의 발효라는 개념을 확실히 이해해야 한다.

발효는 아주 오랜 옛날부터 존재해 왔던 자연현상이지만, 사람들은 발효의 원인은 분명하게 파악하지 못한 상태에서, 동·서양 모두 경험적으로 활용해 왔으며, 메주, 김치, 젓갈, 식초, 와인, 치즈 등의 제조가 좋은 예이다.

그러나 발효의 원인에 대해서는 밝혀지지 않다가 1787년 프랑스의 화학자 A. L. 라부아지에(Antoine Laurent de Lavoisier 1743~1794)가 처음으로 포도즙 속에 있는 포도당(Glucose)이 알코올(alcohol)과 이산화탄소(CO_2)로 분리되는 것을 밝혀냈고, 이것을 '퍼멘테이션(fermentation)'이라 명명하게 되었다. 그 후 발효에 관한 연구는, 특히 현미경의 발전과 과학자들의 노력에 의해 미생물의 활동과 그 역할이 활발히 연구되었으며, 우리가 잘 알고 있는 파스퇴르는 19세기 중반 미생물에 관련된 많은 연구 활동을 하였다. 그러나 지금과 같은 발효의 개념은 수정과 수정을 거듭해 오다가, 20세기에 와서야 다음과 같은 정의가 내려지게 되었다.

발효 : 미생물이 자신이 가지고 있는 효소를 이용해 유기물을 분해시키는 과정을 발효라고 한다. 발효 반응과 부패 반응은 비슷한 과정에 의해 진행되지만 분해 결과, 인류의 생활에 유용하게 사용되는 물질이 만들어지면 발효라 하고, 악취가 나거나 유해한 물질이 만들어지면 부패라고 한다.[1]

다시 말해, 대상의 유기물에 미생물이 관여하여 그 유기물이 인간에게 유익하게 성질이 변하는 것을 발효라 한다.

그러면 차계에서 이야기하는 발효차(發酵茶)는 어떤 의미일까?

발효차는 위의 정의와는 너무나 많이 다르다. 발효라고 하는 같은 용어를 사용하지만 발효차라고 부르는 청차, 백차, 홍차는 미생물이 관여하여 변화가 생긴 것이 아니라, 찻잎 속에 있는 성분 중, 찻잎의 색변화를 주도하는 산화효소(酸化酵素)인 '폴리페놀 옥시데이스(polyphenol oxidase)'에 의한 티 폴리페놀의 변화를 말하는 것이다.[2]

그렇기 때문에 발효차라는 용어의 사용은 모순이 되며, 미생물이 관여하지 않기 때문에, 일본의 차 관련 서적 중국차 입문[3]에서는 발효가 아니라 전색(轉色)이라고 했던 것이다.

그렇다면 미생물이 관여하지 않는 차엽의 변화에 왜 발효라는 용어가 사용되었을까?

영국의 식민지였던 인도의 아삼에서 1837년경 영국인들에 의해 중국이 아닌 곳에서 홍차가 처음 만들어졌으며, 그 당시 아삼에서 만들어진 홍차는 중국에서 흔히 사용하는 전통 방법의 홍차 제다법이 사용되었다.

그 과정을 중국과 우리나라의 차 관련 서적 대부분에는, 위조(萎凋)-유념(揉捻)-발효(發酵)-건조(乾燥)라고 되어있는데, 여기에 사용된 발효라는 용어는 당시 개념의 정리가 정확하게 내려지지 않은 상태에서, 통상적으로 그렇게 불렀던 것이다. 시간이 흘러 발효라는 용어의 개념 정리가 되었고, 홍차의 제다에 미생물이 관여하지 않음도 밝혀졌으며, 그 변화는 산화효소에 의한 차엽의 색변화라고 밝혀졌지만, 오랫동안 널리, 그리고 익숙하게 사용하던 용어를 수정하기란 그리 쉽지 않은 일이 되고 말았다.

이처럼 차의 발효는 미생물이 관여해서 성질 변화가 생긴 발효와는 아

---

1) 두산백과 사전 (현재 발효의 개념은 위의 글보다는 훨씬 광범위하게 쓰이지만 간략하게 요약했다)
2) 차를 만들거나 보관할 때, 차엽의 변화를 우리의 눈으로 확인할 수 있는 방법은, 차엽의 색변화이기 때문에 차의 발효를 전색이라 하는 것이다.
3) 菊地和男, 『中國茶入門』, 講談社 1998

무런 관계가 없다. 용어를 먼저 사용하고 개념의 정리가 나중에 이루어진 흔치 않은 오류로 인해, 차에서 발효라는 용어는 두고두고 혼란을 남기게 되었다.

위의 내용처럼 차계에서 이야기하는 흑차를 제외한 발효차는, 우리가 일반적으로 알고 있는 미생물이 관여한 발효가 아니라 차엽의 색변화인 전색(轉色)인 것이다.

죽엽청엽

2. 몇 %의 발효?

청차의 발효와 홍차의 발효 등에 몇 %가 발효되었나를 흔히 이야기하는데, '몇 %의 발효'라는 용어의 사용은 적절하지 못하다.

첫째, 앞서 설명했듯이 발효라는 잘못된 용어를 사용했다는 점이다.

둘째, 몇 %를 설명하기 위해서는 어떤 기준에서 시작되어야 하는데, 무슨 근거로 그렇게 말하는지 어느 누구도 명확히 설명한 적이 없다.

만약 차의 발효인 차엽(茶葉)의 색변화로 몇 %의 발효를 이야기한다면, 찻잎은 기준 색을 정해놓지 않았기 때문에 모순이 생긴다. 또한 찻잎의 함수율을 측정해 그 변화로, 몇 %의 발효라고 말할 수 있겠지만, 그것을 기준으로 삼기는 곤란하다. 왜냐하면 차는 품종과 산지, 토양, 채엽하는 시기 등에 따라 유효성분의 함량이 각각 다르기 때문이다. 또한 하나의 싹과 두 개의 잎인, 1아2엽(一芽二葉)의 찻잎을 따서 만드는 청차는, 찻잎의 함수율이 각각 다르다는 이유도 포함된다. 그러므로 당(糖)분해를 측정해서 발효도를 이야기하는 알콜 발효와는 달리, 어떤 근거가 제시되지 않은 상태에서 차의 발효도를 말할 수는 없다.

대홍포에서 개량한 적녹색을 많이 띤 소홍포 차나무의 차잎은 일반적인 차잎의 색과 확연히 구별된다.

　찻잎의 색은 흔히 알고 있는 연녹색이 대부분이지만, 차나무의 품종에 따라, 혹은 재배되는 지역과 토양, 환경과 채엽하는 시기에 따라, 찻잎의 색은 조금씩 다르다.

　예를 들어 중국의 명차(茗茶) 가운데 하나인 저장성 구주(浙江省 顧渚)의 자순차(紫筍茶)는, 찻잎의 색이 자색을 많이 띠어서 붙여진 이름이다. 그리고 우리가 잘 알고 있는 푸젠성(福建省)의 청차 대홍포(大紅袍)의 차나무 역시, 새싹이 올라올 때 자색을 많이 띠어서 그 이름이 붙여졌다고 볼 수 있다.

　위의 예에서 보듯이 찻잎의 기준이 되는 색은 없고, 다시 말하면 성분의 함량이 각각 다른데, 무엇을 기준으로 몇 %의 발효도를 이야기할 수 있을까?

　그리고 '폴리페놀 옥시데이스(polyphenol oxidase)'라고 하는 차엽의 산화효소는 살청이라고 하는 열처리 과정에서 활성이 중단되며, 백차와 홍차의 제다 과정에는 살청이 없다. 그리고 이제까지 발효차를 이야기할 때, 전발효차(全發酵茶), 후발효차(後發酵茶), 미생물발효차(微生物發酵茶) 등으로 나누었는데, 전발효차와 후발효차로 나누었던 기준은 산화효소에 의한 차엽의 색변화가 이루어진 차를 전발효차, 비효소성인 산화와 엽록소에 의한 변화가 이루어진 차를 후발효차라고 했다.

> 불발효차 : 녹차
> 전발효차 : 백차, 홍차, 청차
> 후발효차 : 황차, 흑차

『미생물발효차 중국 흑차의 모든 것』[4] 의 저자 칸조 사카다(坂田完三) 교수는 이 책 제1장에서 차의 분류를 이야기하며, "흑차를 제외한 차는 발효차가 아니다."라고 분명히 밝히고 있지만, "오랜 관습에 의해 부득이 발효차라고 표현한다."라고 했는데, 오류인 것을 알면서도 관습 때문에 사용하기 보다는, 잘못된 표현임을 알았다면 안 순간부터 바르게 고쳐야 하지 않을까 한다.

[발효]란, 본래 미생물의 효소에 의한 물질대사이다. 홍차, 우롱차 등의 발효차 제조공정에는 미생물은 관여하지 않는다. 명명의 의미로는 틀리지만 현재도 관습처럼 그대로 사용하고 있다.[5]

---

4) 坂田完三, 『微生物発酵茶 中國黑茶のすべて』, 株式會社 幸書房, 2004.6.
5) 위의 책 P4 「発酵」とは, 本來微生物の酵素によゐ物質代謝であゐ. 紅茶や烏龍茶などの 「発酵茶」の製造工程時にはほとんど微生物は関与しておらず, この命名はその意味では誤ったものであゐが, 現在も慣習としてそのまま使われている.」

앞서 이야기했듯이, 이치에도 맞지 않고 혼돈스러운, 미생물 발효차를 제외한 발효차라는 용어는 차 분류의 명확한 개념대로 "녹차, 황차, 청차, 백차, 홍차, 흑차"라고 불러야 한다. 차 학계에서 개념을 상세히 안내한다면 오류에서도 벗어나고 많은 사람들이 편하게 접근할 수 있는 토대가 되지 않을까 싶다.

미생물 발효차는 차가 만들어지는 과정 중에 미생물이 관여하게 된다. 발효라고 하면 당연히 미생물이 관여하기 때문에 그냥 발효차라고 하면 된다. 그런데 차엽의 색변화인 전색을 관습상 발효차라고 부르고 있는 것과 혼란을 피하기 위해, 일본의 차 학자들은 이 부분이 굉장히 성가셨던 모양이다. 『녹차 홍차 오룡차의 화학과 기능』[6]의 저자 나까바야시 토시로우(中林敏郞)교수는 흑차를 미생물 발효차로 표현하자고 주장 했으며, 일본의 차계에서는 현재 그렇게 사용을 하고 있다. 그다지 나쁘지 않은 표현이지만 씁쓸함이 남는다.

미생물 발효차는, 1973년 중국의 윈난성(雲南省)에서 보이차의 숙성과정에 변화를 주기 위한 연구로 개발 되었다. 일본의 기석차(碁石茶), 아파만차(阿波晩茶) 등도 미생물 발효차에 속하며, 현재 대량 유통되는 미생물 발효차는 보이숙차(普洱熟茶)를 비롯한 흑차류(黑茶類) 중 몇 가지밖에 없는 것으로 보고되고 있다.

---

6) 中林敏郞, 『綠茶 紅茶 烏龍茶の化學と機能』, 弘益出版社, 1992.

두 찻잎의 색은 확연히 구별된다.

차 분류의
개념

1. 녹차(綠茶)

> ## 녹차의 제다 과정
>
> 채엽(采葉)-탄방(攤放)-살청(殺靑)-유념(揉捻)-건조(乾燥)

찻잎을 채엽(采葉 찻잎 따기)하면 산화효소에 의해 색변화를 비롯한 다양한 화학변화를 하게 된다. 이때 산화효소에 의한 차엽의 색변화가 일어나기 전[7], 살청(殺靑 덖거나 찌는 과정)이라는 열처리 과정을 거쳐 산화효소의 활성을 멈춘 뒤 건조(乾燥)한 차를 녹차 또는 불발효차(不發酵茶)라고 부르는데, 앞으로는 발효와 관계없이 혼란을 가중시킬 수 있는 불발효차라는 용어를 사용하지 말고, 그냥 녹차라고 하자.

흔히들 차라고 하면 녹차를 먼저 떠올리는데, 차의 분류는 녹차에서부터 시작된다.

차의 분류에는 우리나라의 전통방법이라고 하는 덖음 방법 외에도 아래와 같이 몇 가지의 방법이 더 있다.

> ## 녹차의 분류
>
> 1. 초청녹차(炒靑綠茶)   2. 홍청녹차(烘靑綠茶)
> 3. 증청녹차(蒸靑綠茶)   4. 쇄청녹차(晒靑綠茶)

7) P.259 탄방에 의한 차엽의 색변화는 제외한다.

1) 초청 녹차

녹차의 제다 과정이 덖음 솥 안에서 모두 이루어지는 것을 초청식(炒青式) 방법이라고 한다.

대표적인 초청녹차로는 항저우(杭州)의 용정차(龍井茶)와 장쑤성(江蘇省)의 벽라춘(碧羅春) 등이 있다.

2) 홍청 녹차

살청은 덖음 솥이나 원형 살청기에서 하지만, 건조를 건조기에서 하는 녹차를 홍청녹차라고 한다. 우리가 흔히 알고 있는 대부분의 녹차는 홍청녹차에 속하며, 우리나라의 녹차제다 방법은 대부분이 홍청녹차의 제다방법이다.

3) 증청 녹차

유념과 건조를 어떻게 하느냐와는 관계가 없이 산화효소의 활동을 멈추기 위한 살청의 공정을 수증기의 열로 쪄내는 녹차를 증청녹차라고 한다. 엽저(葉底)[8] 는 연녹색으로 아름다운 특징이 있으며, 대표적인 증청 녹차로는 중국 후베이성(湖北省)의 은시옥로(恩施玉露)를 비롯한 일본 전차(煎茶)와 국내산 옥로차(玉露茶) 등이 있다.

---

8) 차엽이 물에 담긴 상태 혹은 차를 마시고 난 뒤 물에 젖은 차엽

4) 쇄청 녹차

쇄청녹차는 살청과 유념은 일반적인 녹차의 제다 방법과 같으며, 햇볕에 건조하는 것이 특징이다. 소엽종이나 중엽종의 차엽을 이용한 녹차 제다에는 사용되지 않으며, 대엽종 차엽으로 만드는 녹차의 건조법에 적용된다. 보이차를 비롯한 흑차류의 원료로 사용되는 모차(母茶)의 제다에 흔히 사용하는 방법이다.

녹차의 제다에는 산화효소의 활동을 중단시키는 살청의 공정이 핵심을 이룬다. 녹차를 수작업으로 살청할 때, 솥의 온도는 200℃ 정도가 가장 좋다.

솥의 온도가 낮으면 살청이 잘 이루어지지 않고 솥의 온도가 지나치게 높으면 차엽이 솥에 달라붙어 살청 하기가 어렵다. 효소가 활동을 중단하는 온도는 보통 40℃ 이상으로 보지만, 차엽은 70℃ 이상으로 열처리를 하면 산화효소의 활동이 중단된다. 증청녹차는 수증기의 열에 의해 살청이 이루어지는데, 수증기의 열은 100℃로 보기 때문에 그 정도의 온도면 충분히 살청이 된다. 그리고 구불구불하게 말린 우리의 녹차와는 달리 중국의 녹차들을 보면 찻잎의 모양과 완성차의 모양이 같은 녹차들이 많다.

녹차 모양의 분류상 침형(針形)과 모봉형(毛峰形) 녹차라고 하는데, 그 차들을 살펴보면 유념 과정이 없는 듯이 보인다.

우리나라의 제다 상식으로는 차엽의 세포조직을 적당히 파괴하여, 포차(泡茶)를 할 때 유효성분의 침출을 잘 되게 하고 일정한 모양를 갖추기 위해 유념 과정이 꼭 있어야 한다고 생각한다. 하지만 녹차의 제다 과정에는 처음의 살청과 건조가 중요하며 유념의 유무는 그 차의 특징에 따라 결정된다. 중국 10대 명차 중의 하나인 황산모봉(黃山毛峰)과 대부분의 모봉차, 쓰촨성(四川省)의 고산차인 죽엽청(竹葉靑) 등과 ~~아(芽), ~~침(針), ~~첨(尖) 등으로 끝나는 이름의 녹차들은 유념의 과정이 없는 듯이 보이며, 살청과 유념이 동시에 이루어지는 방법으로 만들기 때문에 유념이 없다고 해도 틀린 말은 아니다. (P.92 참고)

5) 녹차를 마셔도 속이 쓰리지 않다.

흔히 발효차를 마시면 속이 따듯하고 녹차는 성질이 차기 때문에 속이 쓰리다고 하는데, 대부분 녹차를 즐겨 마시는 중국인들은 왜 그런 이야기를 하지 않는 것일까? 그 이유는 우리나라에서 만드는 녹차와 중국인들이 만드는 녹차의 차이점과, 녹차를 우릴 때의 온도를 보면 알 수 있다.

우선 그 차이점부터 살펴보면 『중국명차도보 녹차편』[9] 에서, 제다에서 가장 중요한 부분 중의 하나가 채엽(採葉) 즉, 찻잎을 따는 일이라고 되어 있고 다음으로 탄방(攤放)을 반드시 행해야 한다고 되어있다.

채엽 채엽은 차의 품질을 결정하는 첫 번째 조건이다. 채엽을 할 때, 엄지와 검지를 이용하여 잡고, 당기듯이 하는 방법과 잡은 곳에서 줄기를 부러뜨리는 방법이 있다. 주의 할 점은 손톱으로 채엽하는 것은 피해야 하며, '자세히', '균일하게', '깨끗하게', '찻잎에 손상이 가지 않게' 따야 한다. 또, 비가 올 때는 피하고 맑은 날 채엽 해야 한다.

9) 施海根, 『中國名茶圖譜 綠茶篇』, 上海文化出版社. 1995.5.9

채엽할 때의 주의 사항

1. 냉해를 입은 잎과 노쇠한 잎은 채엽하지 않는다.

2. 가장자리가 마른 잎은 채엽하지 않는다.

3. 벌레 먹은 잎과 병충해를 입은 잎은 채엽하지 않는다.

4. 얇은 잎과 마른 잎은 채엽하지 않는다.

5. 자주빛이 나는 잎은 채엽하지 않는다.(변종을 채엽하지 않는다)

6. 잎 하나를 채엽하지 않는다.

7. 떡잎은 채엽하지 않는다.

8. 비가 올 때는 채엽하지 않는다.

원난성의 대엽종 찻잎을 채엽하는 모습

후난성의 군산은침   장쑤성의 우화차

소쿠리의 모양을 보면 어떤 찻잎을 채엽하는지 알 수 있다.

녹차의 감칠맛은 어린잎에 많이 들어있는 아미노산에 의해 좌우된다. 때문에 어린잎의 선호도가 높지만, 중국 녹차의 세계적인 명차(名茶) 중에는 찻잎을 키워 5cm 이상의 크기가 될 때 채엽하여 만드는 태평후괴(太平猴魁) 그리고 육안과편(六安瓜片) 등이 있다. 어린잎 뿐만 아니라 어떤 차를 만들 것인가에 대한 생각과, 그것에 맞는 찻잎을 선택하는 것이 선행되어야 한다.

그 다음 실질적인 제다에 있어서는 살청이 아니라, 탄방의 과정을 먼저 거쳐야한다.

탄방하는 모습

탄방 탄청(攤靑)혹은 량청(晾靑)이라고도 한다. 방법은 채엽한 차엽을 햇볕이 들지 않고 서늘한 곳에, 대자리 등을 이용해 차엽에 상처가 가지 않도록 고르게 펴 놓는다. 시간은 3~5시간 정도가 소요 되므로, 마칠 때까지 1~2회 정도 차엽을 뒤집어 주어야 한다. 시간이 지나면 차엽의 색상은 연녹색을 잃게 된다. 표면의 광택이 사라질 때쯤이면 차엽의 수분 함량은 70% 정도가 된다. 이때 탄방을 마치고 다음 공정인 살청을 한다. 이런 과정은 차의 품질 향상에 많은 영향을 끼치는 아주 중요한 공정이므로, C.T.C. 홍차를 제외한, 모든 제다 과정에서 가장 먼저 행해야 하는 공정이다.

찻잎은 채엽과 동시에 산화효소의 활동이 시작된다. 폴리페놀의 산화에 의한 떫은 맛의 감소, 여러가지 향기 성분의 산화에 의해 청취(靑臭 풋냄새)는 날아가고 녹차 고유의 청향이 생기기 시작하며, 전분 효소의 작용에 의해 수용성의 당류가 생성되어 차의 단맛이 만들어지기 시작한다. 그리고 탄방의 진행에 의한 수분함량의 감소로 차엽의 유연도가 높아져, 살청을 할 때 솥에 눌어붙지 않게 되어 차의 품질 향상을 가져 올 수 있다.

위의 글처럼 녹차를 만들기 위해서는 채엽과 탄방의 과정은 매우 중요하다. 중국의 차에 관한 전문 서적들 중에는 채엽과 탄방의 내용을 적어 놓은 책도 있으며, 적지 않은 대부분의 책은 빠뜨린 것이 아니라 너무나 기본이기 때문에 적지 않았다고 본다. 그런데 실제 제다를 해보지 않고 그 책을 그대로 옮겨 쓴 사람들의 무지로 인해, 우리나라에서는 가장 중요한 과정인 채엽과 탄방의 중요성을 제대로 알지 못했다.

이제 우리나라의 차농(茶農)들도 녹차를 만들 때, 탄방을 하는 분들이 많이 있는 것으로 아는데, 우리나라의 녹차가 지나치게 떫은 것은 살청을 할 때 차엽의 양과도 관계가 있지만, 가장 먼저 탄방을 하지 않았기 때문이다.

중국에서는 녹차를 우릴 때, 물의 온도는 85℃ 정도를 권장한다. 온도가 더 높으면 탕색이 진해지고 떫은 맛이 우려져 나오며, 온도가 낮으면 진향(眞香)을 보기 힘들며, 유효성분이 그리 잘 우려져 나오지 않는다. 우리나라 차계에서는 녹차를 우릴 때 물의 온도를 70℃ 정도를 권장하는데, 차를 우릴 때 실제 물의 온도가 얼마나 되는지, 혹시 너무 낮은 온도에서 차를 우려내는 것은 아닌지 살펴보면 좋을 것 같다.

내가 경험한 바로는, 우리나라 차인들은 녹차를 우릴 때 숙우(熟盂 물 식힘 사발)를 이용해 물의 온도를 대체로 50℃~60℃ 까지 낮춘다. 그 이유를 물어보니 대부분의 대답이, 뜨거운 물에 녹차를 우리면, 떫은 맛이 강하기 때문이라고 했다. 만약 탄방이 제대로 되었다면 85℃ 정도의 물을 부어 일반적인 포차 방법으로 우려도 떫다는 느낌은 없을 것이다.

또한 위와 같이 탄방과 살청이 제대로 진행 되어 만들어진 녹차라면, 그 차를 마셔도 성질이 차다고 할 수는 없다. 왜냐하면 차의 성질이 차다고 해도 녹차는 살청이라는 열처리 공정을 거쳤기 때문이다.

만약 찬 성질의 차를 찾는다면, 살청의 공정이 없는 백차와 홍차에서 찾아야 하는데, 백차와 홍차는 90℃ 정도에서 우려내기 때문에 그런 말을 하지 않는다. 뜨거운 음료를 마시면서 '성질이 차군요' 라고 말하지 않는 이치다.

녹차를 우릴 때의 시간은 다관의 크기와 다관에 넣는 차의 양, 물의 온도와 밀접한 관계가 있다. 85℃의 물을 사용한다면 다관에 물을 붓고 10초~15초 정도 기다린 후 우려내면 충분하며, 두 번째, 세 번째 우릴 때는 시간을 조금 더 길게 잡아 15초~20초 사이에 우려내면 된다.

그리고 잘 만들어진 녹차의 특징은 우선 떫은 맛의 침출이 적어야 하고, 차마다 같은 향미가 아니라 제각각의 독특한 향미가 있어야 한다.

또한 차를 마시고 난 뒤 엽저를 살폈을 때, 색은 균일해야 하며 상태는 부서지지 않고 완전해야 한다. 한 번에 살청이 이루어지는 증청녹차(蒸靑綠茶)는, 수증기의 열에 의한 살청의 특징상 엽저의 색이 균일하다. 하지만 홍청녹차(烘靑綠茶)가 대부분인 우리나라 덖음 녹차는, 엽저 색의 균일 여부로, 살청할 때 솥의 온도와 차엽의 양 그리고 동작의 민첩성 등을 한 눈에 알 수 있다. 엽저의 색이 균일하지 못하다면, 우선 살청을 할 때 차엽의 양이 지나치게 많았을 것이다.

또한 차를 우리기 전에 차엽의 상태가 부서져 있다면 탕색은 탁해진다. 유념을 무리하게 했거나, 마무리를 할 때의 시간과 온도가 지나치게 높았을 것이다. 녹차의 품질이 어떠한가에 대해서는 차의 맛 부분을 나누는 기준이 없는 것은 아니지만, 글로써 맛을 표현한다는 것은 한계가 있다. 하지만 위의 설명처럼, 엽저의 상태만 보더라도 어느 정도의 품질은 알 수 있기 때문에, 투명한 유리컵에 차를 넣고 뜨거운 물을 부어 엽저의 색과 상태, 그리고 탕색과 탁도 등을 살펴보면 된다.

지금은 기능성 음료로 더욱 각광을 받고 있지만, 차는 기호성의 성격이 더 강하므로, 차업(茶業)에 종사하는 분들의 폭넓은 안내와, 내게 잘 맞는 차를 선택해서 마시는 차 애음가들의 성숙된 안목이 필요하겠다.

차라고 하는 음료를 마셔서 심신의 건강에 도움이 된다면, 그 차가 세상에서 가장 훌륭한 차가 아닐까 생각한다.

2. 황차(黃茶)

> **황차의 제다 과정**
> 채엽(採葉)-탄방(攤放)-살청(殺靑)-유념(揉捻)-민황(悶黃)-건조(乾燥)

녹차와 같이 탄방을 마친 후, 살청을 통해 산화효소의 활동을 중지시킨다. 즉 산화효소에 의한 차엽의 색변화를 중지시킨 다음, 민황(悶黃)이라고 하는 과정을 거치면서 엽록소에 의한 차엽의 색변화가 생긴 차를 황차 또는 엽록소에 의한 후발효차(後發酵茶)라고 했는데, 이것 역시 개념을 잘 설명한 다음 그냥 황차라고 하자.

우리에게는 절기상 곡우를 전후해 차의 생산이 시작 되지만, 위도 상 북위25°를 전후한 차의 고향 중국의 윈난성과, 북위30°를 전후한 쓰촨성 등에서는 입춘이 지나고 매화가 피어 봄을 알리면 차의 생산이 시작된다.

그런 연유로 황차 중의 하나인 쓰촨성의 대표차인 몽정황아(蒙頂黃芽)는 2월부터 생산되고, 황차의 대표격인 후난성의 군산은침(君山銀針)은 청명 10여일 전인 3월 25일을 즈음해 생산된다.

1) 황차의 제다와 민황(悶黃)

황차는 우리에게 다소 생소한 차이지만, 우리 차농들이 홍차의 제다 방법으로 만든 차를 황차라는 이름으로 부르고 있기 때문에, 차를 즐겨 마시는 분들은 황차라는 이름을 들어 보았을 것이고 마셔도 보았을 것이다.

그런데, 우리 차농들이 만들어 이름 붙인 그 황차는 분류상으로 이야기하면 안타깝게도 홍차의 제다 방법을 응용했을 뿐, 차의 6대분류에서 말하는 정통 황차는 아니다. 2000년 즈음, 우리의 차농들이 홍차의 제다 방법을 응용해 차를 만들었고, 그 차를 황차라고 이름 붙이려 할 때, 만류했던 기억이 아직도 생생한데, 또 다시 6대 분류상의 정통 황차와 구분해야 하는 번거로움이 생겼으니 안타까움이 많다.

군산은침의 차나무
그 차밭을 처음 바라보았을 때, 무척 당황스러웠다.
다음 날부터 차 만들기를 한다고 들었는데, 새싹이 전혀 보이지를 않았다.
사진에서 보듯이 차나무의 줄기 부분에서 새싹이 올라오고 있었다. (p.101 참고)

민황이라는 공정은 살청과 유념을 마친 차엽을 뚜껑이 있는 나무상자나 철상자 등에 쌓고, 이틀 정도 정치(靜置 가만히 놓아둔다)해 두는 공정을 말한다. 이때 살청을 마친 차엽을 쌓아둔 나무상자는, 외부의 온도를 60℃ 정도 유지시켜야 하는데, 그렇게 함으로써 살청에 의해 산화효소의 활동이 중단된 차엽은, 다시 엽록소에 의한 차엽의 색변화가 생겨 차엽은 등황색으로 변하며, 카데킨(catechin)류의 변화로 청향은 다소 감소하지만, 부드럽고 순한 황차 특유의 맛을 내게 된다. 그런 독특한 공정을 민황(悶黃)이라고 하며, 그런 후 건조로 마무리를 하게 되면 차엽, 탕색, 엽저 모두 황색인 삼황(三黃)을 이루게 된다.

민황의 메커니즘에 대하여 좀 더 자세히 살펴보면, 황차 역시 녹차와 같이 채엽한 차엽을 먼저 탄방한다. 그런 다음 살청을 하며, 유념은 만들어지는 차의 특징에 따라 진행이 될 수도 있으며, 혹은 살청과 동시에 이루어질 수도 있다.

여기까지 보면 녹차다. 주목해야 하는 부분은 살청을 마쳤다는 것이다. 그렇다면 산화효소의 활동이 중단되었기 때문에, 다시 말하면 차엽의 색변화가 중단되었기 때문에 분류를 어떻게 해야 할까?

진행 사항을 좀 더 관찰해 보면, 살청을 마친 차엽을 편의상 살청엽이라고 하자. 그 살청엽을 나무상자 혹은 철상자 등에 넣고, 이틀 정도를 정치해 두는데, 그렇다면 이때 미생물이 관여하지 않을까?

차의 화학 전문서적인 중국의 차다분화학(茶多酚化學)에서는, 살청을 마친 차엽은 민황을 하는 과정에서 비효소성 변화인 엽록소에 의해 황색으

로 변한다. '비효소성 변화이므로 후발효차(后發酵茶)라고 한다.' [10] 라는
내용이 있다.

미생물이 관여해서 발효가 이루어지려면 온도, 습도, 영양이라는 3대
조건이 필수적으로 갖추어져야 한다. 그런데 황차의 살청엽에는 그 조건
이 완벽하게 갖추어져 있다. 그렇다면 미생물 발효차라고 할 수 있는 것은
아닐까? 그런데 중국의 차 관련 전문 서적에서는 왜 엽록소에 의한 후발
효차라고 했을까?

미생물은 자연 상태의 어떤 곳에라도 존재한다. 지금 이 순간 독자들이
책장을 넘기는 순간에도 날아다니지만, 어떠한 녀석이 몇이나 날아다녔는
지 우리의 눈으로는 알 수가 없다. 현미경이 있어야 한다. 왜냐하면 말 그
대로 미생물(微生物)이기 때문이다. 하지만 분명한 것은 존재 한다는 사실
이다. 자연 상태에서는 그들 스스로 자신의 생장에 가장 적합한 곳이 있다
면, 그곳에 관여해 대상의 유기물에 변화를 준다. 이것이 그들의 생장이
며, 발효의 개념이다. 그렇지만, 오늘 아침 한 입 베어 물고 남겨 놓은 사
과가 잠시 후면 색이 변하는데, 이때 사과 자신이 가지고 있는 효소에 의
해 색이 변한 것이지, 공기 중에 미생물이 있다고 해서 미생물이 관여해
색이 변했다고 하지는 않는다. 이것을 산화효소에 의한 갈변현상이라고
한다. 물론 제법 긴 시간이 지났다면 이야기는 달라진다.

황차의 민황 과정 중에도, 자연 상태의 공기 중에 미생물이 있기 때문에
미생물의 관여가 없다고 할 수는 없다. 하지만 황차의 색변화에 결정적인

10) 黃茶经杀青后,再堆闷,促使多酚类进行非酶促的自动氧化, 形成 '黃汤黃叶' 的品质特征,称为后
发酵茶. 楊賢强, 『茶多酚化學』, 上海科學技術出版社, 2003.12. P82

역할을 하지는 않는다. 살청을 했기 때문에 차엽 속에 있는 산화효소에 의한 색변화가 중단된 살청엽은, 민황의 과정을 거치면서 엽록소에 의해 색변화가 생기게 되는 것이다.

　이처럼 위 내용이 발효와 전색을 이해하는 개념이 되는 것이며, 황차에서 비효소성 변화이므로 후발효차라고 하는 이유인 것이다.

2) 황차의 분류

　① **황아차 (黃芽茶)** : 황아차는 이른 봄 새로 올라온 싹만 채엽 하여 만든 차로 후난성(湖南省)의 군산은침(君山銀針), 안후이성(安徽省)의 곽산황아(藿山黃牙) 등이 있다.

　② **황소차 (黃小茶)** : 황소차는 1아1엽(一芽一葉) 혹은 1아2엽을 기본으로 채엽하며, 후난성의 북항모첨(北港毛尖)과 저장성(浙江省)의 온주황탕(溫州黃湯) 등이 있다.

　③ **황대차 (黃大茶)** : 황대차는 잘 알려지지는 않았지만 1아2엽 이상을 기본으로 채엽하며, 안후이성의 곽산황대차(藿山黃大茶), 광동성(廣東省)의 광동대엽청(廣東大葉靑)과 꾸이저우성(貴州省)의 해마공차(海馬貢茶) 등이 있다.

3. 청차(青茶)

조형의 청차

채엽(採葉)−위조(萎凋)−정치(靜置)−요청(搖青) −살청(殺青)−
유념(揉捻)−건조(乾燥) = 조형청차(條形青茶)

반구형 or 환형의 청차

채엽(採葉)−위조(萎凋)−정치(靜置)−요청(搖青)−살청(殺青)−
유념(揉捻)−포유(包揉)−단유(團揉)−해괴(解塊)−건조(乾燥)
= 반구형 또는 환형청차(半球形, 圜形青茶)

먼저 위조(萎凋)를 통해 향기 발생과 화학 변화를 진행시키며 일정 시점
이 되었을 때, 살청을 하여 차엽의 색변화가 더 이상 진행되지 않게 만든
차를, 청차 혹은 오룡차(烏龍茶) 또는 반발효차(半發酵茶)라고 불렀는데, 그
냥 청차라고 하자.

청차라고 하는 차의 개념이 있기 때문에, 그냥 청차라고 부르면 오류도
없고 이해도 쉽다. 차의 분류가 자연적으로 생겨난 것이 아니기 때문에,
차의 분류를 정립할 당시 차 학계의 연구자들이 이런 부분들을 좀 더 세밀
하고 정확하게 다루었더라면 하는 아쉬움이 남는다.

외형색이 청갈색(青褐色)이므로 청차(青茶)라고 한다.[11]

---

11) 外形色澤青褐, 因此也称它为 "青茶" 陈宗懋主编, 『中国茶经』, 上海文化出版社出版,
1998.10. P120.

흔히 오룡차라고 알고 있는 차는 차의 6대 분류상 청차에 속한다.

차의 분류가 명확하게 알려지지 않았던 시절, 타이완에서 생산된 오룡차가 세계 차 시장에 알려지게 되면서, 현재 청차와 함께 불려 지지만 오룡차는 청차의 한 품종에 속한다.

오룡 품종의 찻잎으로 만들어진 것을 오룡차 라고 하고, 철관음(鐵觀音) 품종의 찻잎으로 만들면 철관음차, 황금계(黃金桂) 품종의 찻잎으로 만든 것을 황금계차, 수선(水仙) 품종의 찻잎으로 만든 것은 수선차 등 청차의 분류는 대체로 품종별로의 분류가 많다.

또한 녹차의 산뜻함을 가지고 있는 포종차(包種茶)를 비롯해, 홍차의 향미가 함께 있는 동방미인(東方美人)이라는 이름의 백호오룡(白毫烏龍)과 고산차인 이산오룡(梨山烏龍), 천상의 향기 철관음, 바위와 같이 묵직한 무이암차(武夷岩茶) 등, 청차의 종류는 아주 다양하다.

철관음 발원지

1) 청차의 제다

청차에서는 홍차의 위조와는 달리 햇볕위조가 반드시 행해져야 한다.

그리고 위조와 정치 그리고 요청이 행해지며 효소의 산화와 화학 반응이 일어나는 과정을 통틀어 청차의 전색이라고 한다.

녹차에서 탄방을 탄청(攤靑)혹은 량청(晾靑)이라고도 부른다고 했는데, 이 말은 청차와 백차, 홍차의 첫 번째 공정인 위조의 다른 표현이다. 우리나라에서는 위조를 '시들리기'라고 부르는데, 녹차에서 설명한 탄방의 내용을 이해한 다음, '시들리기'라고 해야 한다.

단, 탄방은 녹차 제다에 사용하는 용어며, 탄청 혹은 량청이라는 용어는 청차, 백차, 홍차의 제다에 사용한다.

조형 청차

반구형 청차

청차는 새순이 올라온 뒤, 찻잎을 보름 이상 키워 줄기와 함께 채엽하기 때문에 햇볕위조가 반드시 있어야 한다. 그리고 정치와 요청을 위조의 과정에 포함하여, 주청(做靑)이라고 부른다.[12]

주청을 통해 청차 제각각의 고유한 향기 발생이 최대화 되면, 살청을 하여 차엽의 색변화와 향기를 고정 시킨다.

그 후, 유념을 하여 바로 건조를 하면 모양이 가지처럼 펴져 있게 된다. 그것을 조형(條形) 청차라 부르며, 민북(閩北) 청차와 광동(廣東) 청차가 조형의 형태를 하고 있다. 조형 청차와 달리 둥글게 말려져 있는 청차를 환형(圜形), 또는 반구형(半球形)청차라고 부르는데, 이런 형태의 청차는 포유(包揉), 단유(團揉), 해괴(解塊)라고 하는 조금 복잡한 공정을 더 거친다.

(P231~232 참고)

2) 청차의 분류

① 민북 청차, 민남 청차, 광동 청차, 타이완 청차라고 하는 생산되는 지역에 따른 분류.

② 철관음, 황금계, 대홍포, 수선, 육계(肉桂), 오룡 등 차수의 품종에 따른 분류.

③ 포종차, 단총(單叢) 등의 제다 방법에 따른 분류 등이 있다.

---

12) 「乌龙茶制造工艺中将晒青' 摇青' 凉青, 也即现行的做青」
陈宗懋主编, 『中国茶经』, 上海文化出版社出版, 1998.10. P421.

생산지역 별	품종 별
민북청차	대홍포, 철라한, 백계관, 수금귀, 수선, 육계, 백서향, 과금자, 정태양, 구룡주
민남청차	철관음, 본산, 황금계, 모계, 연지오룡, 기란, 모후
타이완청차	청심오룡, 대차1호~~대차17호 대차12호(금선) 대차13호(취옥)
광동청차	봉황수선(광동수선 혹은 요형수선) 조안대오엽, 영두단총(백엽단총)

위 표에서 보듯이 청차의 분류 기준은 생산 지역과 품종의 분류가 주류를 이룬다.

민남청차(閩南靑茶)[13]

중국 푸젠성의 남쪽에 위치한 안시(安溪)라는 지역을 중심으로 민남 청차는 생산된다. 청차의 품종 중 차엽이 가장 여리다고 하는 황금계를 비롯해 본산(本山), 모해(毛蟹) 등이 민남청차에 속한다. 그리고 청차 중 향미가 가장 뛰어나다고 하는 철관음이 민남청차를 대표하며 알싸하게 감도는 철관음의 향미를 음운(音韻)이라 부른다.

13) 중국의 오대십국 시절 민나라(909~945)가 푸젠성(福建省)에 있었던 이유로 현재 그곳과 관련해서 민(閩)이라는 단어를 많이 사용한다.

민북청차

현재 세계문화유산으로 더욱 유명해진, 푸젠성의 북쪽에 위치한 청차의 고향 우이산(武夷山)을 중심으로 생산되는 차를 민북청차라고 한다.

민북청차는 바위가 많은 지역적 특징으로 암차(岩茶)라고도 부른다.

탄배(炭焙)라고 하는 독특한 건조법으로 생산되기 때문에 암차만이 지니는 특유의 향미가 있으며, 그 향미를 암운(岩韻)이라고 한다.

대홍포, 철나한(鐵羅漢), 백계관(白鷄冠) 그리고 수금귀(水金龜)라고 하는 차는 무이암차 중 그 향미가 가장 뛰어나다 하여 암차의 4대 명총이라고 하며, 그 외에도 수선과 육계 등 다양한 종류의 암차가 있다.

타이완청차

안시에서 타이완으로 건너간 오룡차가 20세기 중국의 변화기를 거치며 세계적인 차로 거듭나게 된다. 고산차라고 하는 뛰어난 지리적 환경과 품종 개량에 의한 다양성. 그리고 차를 다루는 기능과 장비의 개발에 의해 차의 제다를 예술의 위치에까지 올려놓았다.

동정 오룡, 이산 오룡, 아리산 오룡, 백호 오룡, 문산 포종차 등 세계적인 명차(名茶)들이 생산된다.

광동청차

광동청차의 대표차인 봉황단총은 광동성의 북쪽에 위치한 쪼안씨엔(詔安縣)의 평황산(鳳凰山)에서 생산된다. 완성차의 모양은 무이암차와 같은 조형(條形)을 하고 있다. 건조 방법은 대체로 무이암차와 같은 탄배를 하기 때문에 무이암차와 비슷해 보이기는 하지만, 그 향미는 아주 독특하다.

향기의 특징으로 송종(松種), 밀란향(蜜蘭香), 황지향(黃枝香), 계화향(桂花香) 등이 있다. 그리고 제다 방법의 하나인 단총법(單叢法)은, 한 차나무에서 채엽한 차엽 만을 사용하며, 다른 차나무의 차엽과는 섞지 않는다. 이렇게 만든 차를 단총법으로 만들었다고 한다. 봉황단총을 만드는 차나무는 소교목(小喬木)이 많기 때문에, 한 차나무에서 많은 양의 채엽이 가능하므로 단총법을 사용할 수 있다. 현재는 차 이름으로 더 많이 사용되며, 단총법으로 만든 봉황 단총을 찾기란 쉬운 일이 아니다.

광동성 펑황산(鳳凰山)의 고차수 군락

봉황단총의
접목법(椄木法)

274

차나무의 품종에 따른 분류

앞서 설명 했듯이 청차는 품종별로의 분류가 가장 많다. 품종이 철관음이면 철관음차, 수선품종이면 수선차, 황금계, 본산, 육계....

이렇듯 청차의 분류는 대부분 차나무의 품종에 따른 분류가 주류를 이루며 타이완 생산의 청차들은 대부분 오룡품종을 사용하기 때문에 이산오룡, 아리산(阿里山)오룡, 동정(凍頂)오룡 등 오룡이라는 품종명이 붙은 것이다.

청차 다례의 오류 한 가지

환형 혹은 반구형의 청차는 포차를 할 때 끓는 물을 다관에 처음 붓고 나서 그 물을 따라 버리는 모습을 보았을 것이다. 그 과정을 보통 세차(洗茶)라고 하는데 용어에 문제가 있다. 청차 다례를 제대로 이해하지 못하는 사람들이 씻어 내는 듯이 보이기 때문에 세차라는 용어를 사용했다고 보여지는데, 세차를 한다면 그 차가 정결하지 못하다는 느낌이 든다. 현재 청차의 제다는 예술의 수준에 까지 올라와 있고, 실제 제다를 할 때에도 정결함에 각별히 신경을 쓴다. 때문에 세차라는 용어의 사용은 부적절하다.

청차 다례에서는 이 부분을 온윤포(溫潤泡)라고 한다.

따뜻한 물로 차를 적신다는 뜻의 온윤포를 통해 단단하게 말려진 환형의 청차를 꽃봉오리가 방금 피어오르려는 듯한 상태로 만든다. 온윤포를 한 물은 공도배(다해)를 데우고 잔을 데우는데 사용을 한다. 그런 다음 다시 다관에 끓는 물을 부우면 차의 향미가 가장 좋은 상태, 즉 "꽃봉오리가 활짝 피어오르려는 상태"를 이루게 된다. 이것이 바로 온윤포의 역할이다.

혹자들의 이야기가 중국의 차들이 정결하지 않게 만들어 진다고 하는데, 문화와 생활환경이 다르다는 것은 생각하지 않고 우리의 시선으로만 바라보지 말았으면 하는 바람이다. 제다는 천 년이 넘는 세월을 이어왔으며, 특히 청차의 제다는 예술의 수준에 까지 올라와 있다는 사실을 생각하며, 차 문화를 조금 더 폭 넓게 이해하는 마음의 여유로움을 가져보면 좋겠다.

푸젠성 안시(安溪)의 육우상

4. 백차(白茶)

> ### 백차의 제다과정
> 채엽(採葉)-위조(萎凋)-건조(乾燥)

백차의 위조 역시 탄방과 같은 내용을 포함하고 있고, 건조가 될 때까지 위조를 계속 진행한다. 위조를 진행하며 차엽의 화학성분 스스로 변화할 수 있도록, 차엽에 물리적인 힘을 가하지 않고 가만히 놓아둔 상태에서 건조가 된다. 이처럼 아주 단순한 방법으로 만들어진 차를 백차 혹은 미발효차(微發酵茶)라고 불렀지만, 이제부터는 미발효차라는 용어를 사용하지 말고 그냥 백차라고 하자.

1) 백차의 제다

채엽하여 온 차엽을 그늘에 널어놓으면 차엽 속에 있는 성분들은 화학변화를 일으킨다. 특히 티 폴리페놀(tea polyphenol)과 폴리페놀 옥시데이스(polyphenol oxidase)라고 하는 산화효소의 활성으로 차엽의 색이 변하며, 외부에서 물리적인 힘(흔들어준다, 눌러준다, 비벼준다 등)을 가하지 않기 때문에, 홍차와 같은 갈변현상은 일어나지 않는다. (P.182 참고)
백차는 이처럼 아주 간단한 방법으로 만들어진다.
그리고 백차의 품종은 대체로 대백종(大白種)이며, 차엽의 뒷면에 흰 솜털이 많은 특징을 가지고 있기 때문에 위조가 끝날 무렵이면 흰 솜을 뿌려

놓은 듯한 모습을 쉽게 볼 수 있다.

2) 백차의 종류

① 백호은침(白毫銀針)

백호은침은 북로(北路)은침과 남로(南路)은침으로 나뉜다. 원래의
품종은 앞서 설명한 대백종이 아니라 채차(菜茶)라고 하는 품종이
사용되었다. 그런데 채차는 싹이 작고 가는 이유 때문에 쇄퇴 하
고, 북로은침은 1857년부터 푸딩(福鼎) 대백차 품종의 개발이 시작
되어 1885년에 생산이 되기 시작했고, 남로은침은 1880년부터 쩡
허(政和) 대백차 품종의 개발이 시작되어 1889년부터 생산이 시작
되었다.

② 백모단(白牡丹)

백모단은 1922년 푸젠성의 젠양(建陽)에서 처음 생산을 하기 시작
했다. 대백종의 품종 외에도 수선품종이 사용 되며, 1아2엽의 차엽
을 사용한다.

③ 수미(壽眉)

수미 혹은 공미(貢眉)라 불린다. 이 차는 대백종 보다는 채차 품종
이 더 많이 사용되고, 소백(小白)이라는 이름도 함께 가지고 있다.
수미란 장수하는 노인의 흰 눈썹 같다하여 붙여진 이름이다.

3) 백차의 특징

중국의 광동과 홍콩인들이 주로 애음한다는 백차는, 그들의 말을 빌리면 해열작용이 있다고 한다. 찻잎이 가지고 있는 냉성을 열처리 과정인 살청 없이 자연 상태의 위조와 건조로 진행된 제다에 이유가 있다고 보는데 차 학계에서 좀 더 많은 연구가 필요한 부분이라 생각한다. 백차의 향미에 연한 홍차의 향미가 느껴지는 것은, 두 차의 제다 방법이 비슷하기 때문이다. 유념을 통한 물리적인 힘에 의해 산화효소의 진행과 차엽의 세포조직을 으깬 홍차가 강한 향미를 가지고 있다면 백차는 녹차의 청향과는 차이가 있지만 홍차와 비교했을 때, 청향이 있다고 하면 좋을 것 같다. 차의 가장 순수한 향미라 하겠다.

5. 홍차(紅茶)

홍차의 제다과정

채엽(採葉) - 위조(萎凋) - 유념(揉捻) - 전색(轉色) - 건조(乾燥)

홍차의 위조 역시 탄방의 내용을 포함한다. 홍차의 위조는 12시간 이상 진행하며, 위조실을 따로 만들어 차엽을 위조틀 위에 올려놓고 온도와 습도의 조절을 위해 열풍을 불기도 한다. 이처럼 홍차의 위조는 매우 중요한 공정이지만 C.T.C.(Crush, Tear, Curl.)홍차는 위조 공정이 없으며, C.T.C. 홍차의 떫은 맛은 위조를 하지 않았기 때문이다.

위조를 마친 후 외부에서 물리적인 힘을 주어, 산화효소에 의한 차엽의 색변화를 극대화시킨 차를, 홍차 또는 완전발효차(完全發酵茶)라고 했지만 이것 역시 그냥 홍차라고 하자.

홍차의 외형색은 검고 윤택이 있게 보이며 붉은 색이 아니다. 홍차라는 이름은 홍차의 탕색에서 유래한 것이다. 때문에 홍차의 외형 색은 붉은 특징을 가지고 있지 않다. 홍차를 영어로 Black tea라고 하는데 이때는 차의 외형 색을 이야기한 것이다.[14]

---

14) 「红茶的干茶颜色, 看起来有乌润感, 它不是什么正统的红色, 它之所以命名为红茶, 是指茶汤的汤色° 因此, 红茶的外形色泽要求, 即干茶颜色的品质标准, 并不反映红的特征° 国际通用的红茶名词为Black tea, 在字义上完全以外形乌黑色泽作为依据, 并无红的含意.」
陈宗懋主编, 『中国茶经』, 上海文化出版社出版, 1998.10. P494.

홍차는 세계 차 소비의 75% 정도며, 중국, 인도, 스리랑카, 케냐, 인도네시아 등지에서 다양한 방법으로 생산이 되어, 중국과 영국을 비롯한 유럽 국가를 비롯해 오늘날 세계에서 가장 많이 마시는 음료 중의 하나다.

차엽을 시들게 하여 다음 공정인 유념을 용이하게 하는 위조의 공정 중에는 청취(靑臭)라고 하는 풋향은 사라지고 홍차 특유의 향기에 필요한 화학 반응이 일어난다. 차엽 세포 조직의 호흡작용에 의한 다당류의 감소와 엽록소의 분해, 그리고 아미노산, 카페인, 유기산 등의 증가가 일어난다. 특히 산화효소의 활동이 시작되며, 티 폴리페놀의 화학반응이 가속되어 차황소(theaflavin), 차홍소(thearubigin), 차갈소(theabrownine) 등, 홍차의 탕색과 향미에 큰 영향을 끼치는 성분의 산화중합이 일어난다. 이런 위조 공정은 일광을 피해 서늘한 곳에서 반나절 이상 행해진다. 차엽이 유연해지며 청취가 날아가고 과일 향이 날 때쯤 유념을 하게 된다.

홍차의 유념에서는 차엽의 세포 조직을 으깨어 효소의 산화와 차엽의 화학변화를 가속 시키며, 알데히드와 같은 자극취가 생겨나게 되고, 차엽의 색변화와 화학변화는 급격히 진행이 된다. 그 다음 전색(轉色)의 공정이 진행된다.

이 과정은 유념을 마친 차엽을 쌓아두어 카데킨을 비롯한 여러 종류의 화학성분들의 산화를 촉진 시키는 과정을 말하는데, 이 때 차엽의 색변화가 가장 왕성히 일어나기 때문에 전색이라고 한다.

그리고 마지막 공정인 건조를 하면 정통방법의 홍차가 완성된다. 건조의 종류에는 소종홍차의 건조 방법인 훈배(熏焙)와 무이암차의 건조 방법인 탄배(炭焙), 그리고 일반적인 홍건(烘乾) 등 다양한 건조방법을 이용한

다. (p.196 참고)

홍차라는 이야기를 듣자마자 많은 사람들은 레몬 홍차를 떠올리지만 홍차의 진정한 향미를 보려면 홍차에 레몬을 넣는 것은 결코 좋은 생각이 아니다. 왜냐하면 레몬의 향과 신맛은 홍차 본래의 향미를 완전히 바꿔 버리기 때문이다. 홍차의 색, 향, 미를 보는 가장 좋은 방법은 순수한 홍차를 티 포트 혹은 자사호를 이용하여 우려내는 것이다. 우려낼 때 물의 온도는 대체로 끓인 물을 바로 붓기 때문에 90℃ 이상이다. 우려내는 시간은 홍차의 일반적 레시피인 3분은 너무 긴 시간이다. 나는 자사호나 티 포트를 이용해 홍차를 우릴 때 10초~20초 내외에 우려내는 공부차(工夫茶)[15] 방식을 사용한다. 물론 우려낼 홍차의 양과 종류에 따라 우리는 시간은 각각 달라진다.

그리고 어떻게 우려마실 것인가에 따라 어떤 홍차를 선택할 것인가를 결정해야 한다. 홍차의 음용에 있어서는 순수하게 우려 마시는 스트레이트 티가 있는가 하면, 밀크 티처럼 홍차에 무언가를 가미하는 다양한 베리에이션의 방법이 있다. 밀크 티를 시작으로 육계 홍차, 박하 홍차, 생강 홍차, 장미 홍차, 탄산 홍차, 아이스 티, 레몬 티 등 홍차의 베리에이션에 사용하는 홍차는 스트레이트 티 보다는 C.T.C.홍차가 더 적합하다.

그리고 다양한 홍차의 풍미를 즐김에 있어 '어떤 홍차를 어떻게 우려 마실 것인가?' 하는 문제 해결의 시작은 바로 '차를 이해하는데 있다.' 고 하겠다.

---

15) 중국차의 행다례(行茶禮)에서 공부차라고 하면 자사호나 도자기의 다관(茶罐)이나 개완(蓋碗) 등을 사용해 정성들여 차를 우려내면 모두 공부차라고 한다.

홍차는 현재 수천 가지나 된다고 하지만 분류방법은 의외로 간단하다.

중국에서는 공부홍차(工夫紅茶), 소종홍차(小種紅茶), 홍쇄차(紅碎茶), C.T.C.홍차 등 만드는 방법에 의한 분류를 하며, 영국에서는 스트레이트 티(straight tea), 블렌드 티(blend tea), 플레이브리 티(flavory tea) 등 어떤 차를 선택할 것이냐 라는 소비자의 입장에서 본 분류를 한다.

1) 공부홍차

푸젠성(福建省)의 정화공부(政和工夫), 백림공부(白琳工夫),

장시성(江西省)의 령홍(寧紅), 후베이성(湖北省)의 의홍(宜紅),

저장성(浙江省)의 절홍(浙紅), 쓰촨성(四川省)의 천홍(川紅),

후난성(湖南省)의 상홍(湘紅), 꾸이저우성(貴州省)의 검홍(黔紅),

장쑤성(江蘇省)의 소홍(蘇紅), 광동성(廣東省)의 영홍(英紅),

윈난성(雲南省)의 전홍(滇紅)과 안후이성(安徽省)의 기홍(祁紅)등이 있다.

여기에 사용된 공부(工夫)라는 단어는 시간적 의미를 가지고 있지만, 의역을 해서 '잘 만들어졌다', 혹은 '뛰어나다' 등의 의미로 사용되는 단어다.

2) 소종홍차

홍차라고 하면 영국산의 티백제품을 떠올려 홍차의 원산지가 영국이라고 생각하는 사람들이 있지만, 우이산의 정산소종(正山小種)이 홍차의 원조다.

이 차는 건조할 때 소나무를 태워 그 향이 차엽에 배게 하는 훈배(熏焙)라는 방법을 사용하며, 이렇게 함으로써 차를 우릴 때 솔향이 난다. 솔향을 훈배(熏焙)해 만든 홍차를 소종홍차라 하며, 우이산의 통무꽌(桐木關)에서 생산된 것만 정산소종이라고 한다. 그 외 우이산의 외부지역에서 같은 방법으로 만든 홍차를 외산소종(外山小種) 혹은 연소종(烟小種)이라고 부른다. 그리고 차에서는 단 하나, 정산소종이라는 홍차를 제외하고는, 어떠한 차라도 다른 향을 가미했다면 고급 차로 볼 수는 없다. 왜냐하면 차는 자신의 고유한 향기를 소중히 가지고 있기 때문이다.

드립커피를 좋아하는 분에게 "헤이즐럿은 어때요?" 라고 묻는 것과 같은 이치다. 또 하나 "쟈스민은요?" 라고 묻지 않기를 바란다. 쟈스민 차는 녹차에 쟈스민 꽃향기를 흡착(吸着)하지만, 녹차의 분류가 아니라 재가공차로 분류하기 때문이다. 소종홍차는 건조를 할 때, 솔잎을 태워 솔향기가 차에 배게 하지만, 홍차의 원조인 까닭에 특별한 위치를 가지고 있는 것이다.

3) 홍쇄차

홍쇄차와 C.T.C.홍차의 외형은 비슷하지만, 두 차의 향미는 아주 다르다. '위조를 했느냐, 하지 않았느냐'에서 그 차이가 있다. 홍쇄차는 위조를 한 차이며 위조 후 유념을 하며 잘게 파쇄했기 때문에 홍쇄차라는 이름이 붙여지게 되었다. 주로 고급 티백용과 C.T.C.홍차의 블렌딩용으로 사용된다.

4) C.T.C.홍차

C.T.C.는 Crush(파쇄하다), Tear(찢다), Curl(비틀다)의 약자이다.

그 어원에서 연상되듯이 C.T.C.홍차는 홍쇄차와 모양이 같거나 비슷하지만, 위조를 하지 않으므로 정통방식으로 만든 홍차에 비해 산뜻한 향기가 떨어진다. 차엽을 파쇄하고 찢고 비트는 과정에서 카데킨의 산화가 강하게 진행되기 때문에 떫은 맛이 많지만, 탕색이 아름답고 침출이 잘 되어 티백용과 베리에이션용으로 많이 사용된다.

5) 스트레이트 티(straight tea)

블렌드 티와 구별되어 사용하며 순수한 차엽 자체의 홍차를 말한다. 중국의 공부홍차와 소종홍차가 모두 여기에 포함되며 인도의 다르질링(Darjeeling), 아삼(Assam), 스리랑카의 우바(Uva), 딤불라(Dimbula) 등 고급 홍차를 말한다.

6) 블렌드 티(blend tea)

스트레이트 티를 여러 종류 섞어놓은 홍차를 말한다. 세계적인 홍차 기업인 실론과 립톤을 비롯한 많은 홍차기업들이 자신들만의 독특한 방법으로 블렌드 티를 만든다. 나는 여기에 주목을 한다. 스트레이트 티도 좋지만 차의 다양한 향미를 활용한다면 얼마든지 다양한 차의 탄생이 가능하기 때문이다.

우리나라에 들어와 있는 홍차를 보면 대체로 인도나 스리랑카 등에서 생산된 영국 메이커가 많으며, 아직 중국산 홍차의 유통은 적다.
또한 중국산 홍차의 블렌드 티는 더욱 적기 때문에, 이 부분의 새로운 인재들이 배출되길 희망한다. 영국의 홍차 문화 뿐 아니라 동·서양의 차 문화를 아우르는 '티 마스터'의 배출을 희망하며, 그 시작은 차의 이해에 있다는 것을 다시 한 번 강조하고 싶다.

7) 플레이브리 티(flavory tea)

홍차를 만드는 과정 중에, 꽃향이나 과일향 등을 가미한 홍차를 말한다. 장미향, 레몬향, 베르가못 등 다양한 향을 첨가하지만 스트레이트 티와 비교하면 품격은 좀 떨어진다고 봐야한다.

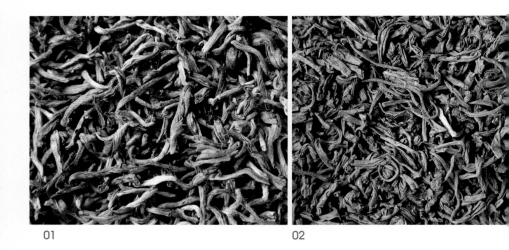

01   02

01 홍차에는 다양한 모양이 있지만, 공부홍차 혹은 스트레이트 티에서 보았을 때, 두 홍차의 색상에 차이가 생기는 것은 1의 경우 싹에 아미노산 성분이 많아 그 부분에 색변화가 적어 갈색이 보이며, 2의 경우 폴리페놀 성분이 많았음을 미루어 짐작 할 수 있다.

02 맛에서는 1의 경우 담백한 맛이 있을 것이고, 2의 경우에는 1보다는 좀 더 독특한 향기가 있을 것이다.

6. 흑차(黑茶)

> **흑차의 제다과정**
>
> 채엽–탄방–살청–유념–건조–악퇴(渥堆)–건조(乾燥)
>
> (보이숙차의 제다과정)

　제다와 숙성 중에 미생물이 관여하는 흑차가 있지만, 모든 흑차에 미생물이 관여하는 것은 아니다.

　완제품인 보이청병(普洱靑餠)을 보면, 건조가 된 상태기 때문에 발효의 조건에 충족되지 않는다.(P.264 참고) 그러므로 발효는 일어날 수 없다. 때문에 건조 상태에서 생길 수 있는 변화는 산화(酸化) 작용인 것이다.[16] 그래서 보관 중에 일어나는 변화를 '산화에 의한 후발효'라고 했던 것이다.

　제다 과정 중에 미생물이 관여하여 만들어진 완제품인 보이숙병(普洱熟餠) 역시, 자연 상태에서 생길 수 있는 변화는 산화다. 그래서 먼저 미생물 발효차이며 보관 상태에서는 '산화에 의한 후발효가 진행되었다.'라고 하는 것이다. 그렇지만 이제부터는 '후발효'라는 용어보다는, 제다와 보관, 숙성 중에 습도에 의하여 미생물이 관여할 수 있는 흑차(黑茶)라고 하자.

　흑차를 제외한 모든 차는 공기 중에 노출되어 산화가 되지 않게 보관에

---

16) 습도가 아주 높다고 하면 달라질 수 있겠지만 일반적인 우리나라의 습도 상태에서는 가능하지 않다.

각별한 주의가 필요하다. 하지만 흑차는 보관중에 산화가 되며, 또 산화의 강약을 조절하여 향미와 성질 변화를 유도 할 수도 있다. 흑차의 여러 특징 중 하나이다.

1) 보이차

중국차 중에서 우리에게 가장 많이 알려진 차 중의 하나며, 차의 6대 분류상 흑차에 속한다. 중국의 윈난성이 주산지며, 보이차라는 이름은 "푸얼씨엔(普洱縣)"이라고 하는 보이차의 집산지 이름을 따서 붙여지게 되었다. (P.68 참고)

대표적인 보이차로는 일곱 개를 하나의 단위로 묶어놓은 칠자병차(七子餠茶), 벽돌모양의 전차(磚茶), 버섯모양의 긴차(緊茶), 심장모양의 타차(沱茶), 금과라는 과일모양의 금과차(金瓜茶)와 죽통속에 보관한 죽통차 등이 있다. 위의 차들은 일정한 모양을 덩이로 만든 긴압차(緊壓茶)라고 하며, 긴압(緊壓)을 하기 이전의 것을 산차(散茶)라고 한다.

그리고 그 산차를 둥근 모양으로 긴압을 한 보이 청병과 산차에 물을 뿌려 미생물 발효를 진행시킨 다음 둥근 모양으로 긴압을 한 차를 보이 숙병이라고 한다.[17]

---

17) 보이차의 두 종류를 이야기 할 때 보이청차(생차) 혹은 보이숙차 라고 해야 하는데, 보이청병과 보이숙병 이라고 하는 병차(餠茶)를 이야기 한 것은, 6대 분류상의 청차와 혼돈을 피함과 함께 중국 현지에서 통상 그렇게 불리기 때문에 부득이 청병과 숙병이라고 분류를 했다.

① 보이청병

　채엽해 온 차엽을 우선 녹차의 제다 공정과 같이 탄방 후, 살청을
한다. 그리고 유념을 한 다음 건조를 한다. 이렇게 만들어진 차를 보
이차의 모차(母茶)라고 하는데 보이청차와 보이숙차의 원료가 되기
때문이다. 모차를 건조를 할 때, 햇볕에 건조를 하기 때문에 쇄청녹
차라고도 하지만, 우리가 생각하는 녹차와는 다르다.

　보이청차의 엽저를 보면 완전한 연녹색이 아니라 연녹색과 진녹색
이 섞여 있는 것을 볼 수 있는데, 녹차의 살청과 같이 산화효소의 활
동을 완벽하게 중단 시키는 것이 아니라, 살청을 대충하기 때문에
살청이 된 차엽과 살청이 제대로 이루어지지 않은 차엽이 섞이게 된
다. 이것이 흑차류의 특징 중 하나다.

　또한 모든 흑차류, 특히 보이차가 쇄청모차를 사용하는 것은 아니
며, 햇볕에 건조를 하기 보다는 건조기에 건조를 하는 보이차가 훨
씬 많다.

　그리고 모차에 증기를 쐬어 틀에 눌러 일정한 형태로 만들면 일단
보이 청병(청차)이 완성된다. 그런 후 보관하는 동안 산화작용에 의
한 변화가 생기기 때문에 후발효차라고 했던 것이다.

쇄건(햇볕 건조)

② 보이숙병

미생물 발효차인 보이숙차의 제다과정을 살펴보자. (p.62 참고) 보이청병을 만들 때와 같은 모차를 쌓아놓고 물을 뿌려 모차의 수분율을 맞춘다. 그 차엽을 잘 섞은 다음 내부의 온도와 습도를 유지하기 위해 천으로 덮어 둔다. 그렇게 1주일 쯤 지나면 발효 향을 느낄 수 있다. 그때 뒤집기를 하여 모차에 공기를 유통시켜 호기성 발효가 진행되게 유도해 발생 미생물이 고루 번식할 수 있는 여건을 만든다. 발효의 진행 상태를 보아 뒤집기 작업을 4~6회 정도 하면서 목표 수준의 발효가 되었을 때 마지막 공정인 건조를 하면 보이숙차가 만들어지게 된다. 그런 후 그 산차에 증기를 쐬고 틀에 눌러 둥근 형태를 만들어 보이숙병을 완성시킨다.

위의 글처럼 미생물 발효차를 간단히 설명해 보았지만, 실제 보이숙병의 제다는 무척이나 까다롭다. 무엇보다 차엽의 상태에 따른 변화가 큰 비중을 차지한다. 그리고 온도와 습도에 따른 발효의 진행 및 향미의 변화, 산차에 증기를 쐬어 긴압을 했기 때문에 습기에 의해 발생할 수 있는 매변을 방지하기 위한 건조 등 까다로운 부분들이 많다. 하지만 아주 흥미 있는 것은 온도와 습도의 조절로 향미를 변화시킬 수 있다는 사실이다.

보이차를 크게 두 종류로 구분하여 보이청차와 보이숙차로 구분했지만, 현재 생산되는 보이차를 보면 반숙(半熟)이라는 이름으로 보이숙차의 제다과정 중 특정한 시점에서 발효를 중단시켜 보이청차의 장점과 보이숙차의 장점을 함께 가진 보이차가 있다. 제다기술의 발전이라 하겠다.

보이 숙차의 발효장

* 지금 우리에게는 보이차에 대한 많은 오해가 있다.

만들어진 연도가 몇 년이다, 어떤 명품이다, 야생교목의 차엽이 월등하다, 건창이다, 습창이다, 등등 보이차를 제대로 이해하지 못하고 하는 이야기들이 많다. 그렇기 때문에 보이차의 제다를 먼저 이해해야 한다.

어떻게 만들었기 때문에 보이청차라고 하는지, 보이숙차라고 하는지, 또한 무엇을 건창이라 하고 습창이라 하는지를 이해해야 한다. 야생 교목뿐 만 아니라 야생의 상태에서는 왜 차가 만들어지지 않는지를 이해하는 노력이 있어야 한다.

보이청차가 오래 묵혀졌을 경우, 엽저의 상태는 연한 흑갈색 속에서도 녹색의 빛이 남아 있고, 엽저의 상태가 보이숙차와 비교해 견실하다.

보이숙차는 발효 당시 차엽의 색변화로 엽저의 색이 대체로 진한 흑갈색을 띠며, 보이청차에 비해 엽저의 상태가 많이 무르다.

그리고 또 하나 주의를 해야 하는 사항이 보관이다. 보관시 매변(霉變)에 각별히 신경을 써야 한다. 매변은 보관 중 온도와 습도 등에 의한 미생물이 발생하는 것을 말하는데, 숙성과정 또는 보관 과정에서 습기를 피해야 하고 공기의 유통이 잘 이루어지게 해야 한다. 흑차류를 잘 못 이해해서 하는 말 중에는, 어떤 화학제품을 사용해서 숙성을 한다든지, 혹은 땅속에 묻어두고 숙성을 한다는 등 여러 가지 속설이 많지만, 그런 방법으로는 보관이나 숙성을 할 수 없다.

또한 오래된 흑차처럼 보이기 위해 습기가 많은 창고에서 숙성했던 습창(濕倉)의 보관은 결코 좋은 방법이 아니다.

중국의 최대 국영 차창 중의 하나인 윈난성(雲南省) 따리(大理)의 샤관차창(下關茶廠)의 창지(廠志)에 나와 있는 매변(霉變)[18] 을 소개하면 다음과 같다.

---

18) 흑차의 보관 중에 곰팡이가 생기는 현상

19) 「防止緊茶霉變 90年代初期, 针对緊压茶产品调运到销区以后, 有经营者和消费者反映茶叶有霉变现象° 后茶厂组织QC小组从 "原料, 加工, 包装, 贮运, 销售, 销区气象条件" 等环节找原因, 终于在1994年杜绝了茶叶发霉现象.

主要技术措施是：1.严格控制水分含量. 2.强化生产现场技术监督. 3.改进仓储条件, 加设地面木板. 4.扩建成品干燥车间, 利用干燥新技术. 5.边茶包装由原来笋叶竹篮改为防潮纸箱内衬塑料袋. 由此看出水分含量是导致緊茶霉变的主要原因.」

『云南省下关茶厂志』, 云南省下关茶厂, 2001.2. P209

> 긴압차의 매변
>
> 90년대 초, 판매와 운송을 마친 긴압차에 매변이 발생한 것을 발견했다. 1994년 매변을 방지하기 위해 아래와 같은 품질관리를 시행했다.
>
> 1. 수분 함량을 엄격하게 규제한다.
> 2. 생산 현장에 대한 기술적 관리를 강화한다.
> 3. 저장 시설을 개선하고, 저장할 때 바닥에 나무판을 놓고 쌓는다.
> 4. 완성품은 건조 공간을 늘여 건조를 철저히 한다.
> 5. 변차(邊茶) 포장은 대나무로 된 바구니를 사용했었는데, 습기를 방지할 수 있게 비닐을 사용한다.[19]

그리고 또 하나. 보이차라고하면 오래 보관을 해서 마셨던 방법만이 전통인 것처럼 알고 있는데, 그렇지가 않다. 물론 타이완이나 홍콩 상인들이 이야기하듯이 오래 묵혀 맛을 부드럽게 변화시키고, 성질 변화가 온 후 음용하지 않은 것은 아니다. 하지만 그런 음다법(飮茶法) 만이 정통이었다면, 멍하이차창 초기의 제품들과 샤관차창 초기의 제품들은 지금쯤 쏟아져 나와야 하는데, 그렇지 않다는 것은 다른 곳에서 이유를 찾아야하는 것이 상식이 아닐까?

그렇다면 그 많은 차들이 모두 어디로 갔단 말인가.

윈난성의 보이차 생산량이 우리가 생각하는 양(量)이 아니라, 중견 차창의 연간 생산량이 수 백 톤이나 되는데, 그렇다면 그 수많은 차들은 모두 어디로 갔을까? 보관을 해서 오랜 시간 묵혀두고 마셨던 것이 아니라, 만들어지면 바로 마셨던 것은 아닐까? 그렇기 때문에 엄청난 양의 생산에도 불구하고, 오래 묵힌 보이차가 거의 없는 이유가 아닐까? 이런 논리적인 의문이 중국 뿐 아니라 우리나라 차인들에게 부족하다.

보이차를 비롯한 흑차의 최대 소비지를 살펴보면, 그곳은 야채의 생산이 적은 시장(西藏 티베트)과 몽고 등의 고원과 사막의 건조 지역이다. 지역적 특성 때문에 야채 및 과일류에서 비타민 등 필수 영양소의 섭취가 어려웠다. 그래서 그곳 사람들은 차가 반드시 필요했다. 차를 끓여 마시며 식물성 영양소를 보충해온 고원과 사막지역 사람들은 하루라도 차를 마시지 않으면 안 되었던 것이다. 매일 마셔야만 했기 때문에 그들에게는 향미의 좋고 나쁨보다는, 차의 농도가 진해 공동체가 함께 나누어 마실 수 있는 차가 훨씬 좋은 차라고 평가할 수밖에 없었을 것이다. 왜냐하면 그들은 우려 마시는 행다법이 아니라, 야크의 젖이나 양의 젖 등과 함께 섞어 끓여 마시기 때문이다.[20]

흑차의 대표격인 사천변차(四川邊茶)와 후난성(湖南省)의 천량차(千兩茶)를 보면, 노쇠한 차엽과 더불어 가지 등이 함께 섞여 있는 것을 쉽게 볼 수 있는데, 그것은 그 차들의 등급이 낮다는 것이며, 등급이 낮은 차여도 소비지역에서는 반드시 필요하기 때문에, 그렇게 만드는 것이다.

그런 이유로 중국에서는 당대(唐代)부터 변방지역과의 차마무역(茶馬貿

---

20) 야크의 젖이나 버터를 섞은 티벳의 수유차(酥油茶), 양젖을 섞은 몽고의 나이차(奶茶)

易)²¹⁾ 이 있었던 것이다. 긴압차(緊壓茶)는 교통이 편리하지 못했던 시절, 쓰촨성(四川省)과 후난성(湖南省) 그리고 윈난성(雲南省) 등지에서, 많은 양의 차를 시장(西藏 티베트)과 몽고 등으로 이동 할 때 편의를 위해 만들어진 걸작이라고 하겠다.

2) 중국 흑차의 분류

① 쓰촨(四川) 변차(邊茶)

쓰촨성의 야안(雅安)을 중심으로 생산 되며, 강전차(康磚茶), 금첨차(金尖茶), 방포차(方包茶) 등이 있고 옛 시절 차마무역(茶馬貿易)의 중심에 있었으며, 흑차의 대표적인 차이다.

② 후난(湖南) 긴압차(緊壓茶)

우리나라에 소개된 천량차(千兩茶)가 후난 긴압차에 속하며, 1585년부터 생산되기 시작했다. 후난성 이양(益陽)에서의 생산량이 비교적 많은 편이며, 상첨차(湘尖茶), 복전차(茯磚茶), 화전차(花磚茶), 흑전차(黑磚茶) 등이 있다.

③ 후베이(湖北) 노청차(老靑茶)

1890년부터 생산된 후베이 노청차의 다른 이름은 초루차(炒簍茶)이다.
살청을 마친 차엽은 유념을 하지 않고 파쇄를 하며, 2.5Kg 씩 소쿠리에

---

21) 윈난성의 보이차, 쓰촨성의 사천변차, 후난성의 호남긴압차 등과 티베트의 말과 교환했던 무역

담겨져 있다. 청전차(靑磚茶) 역시 후베이성의 흑차다.

④ 광시(廣西) 흑차(黑茶)

광시성 창우씨엔(蒼梧縣) 류바오샹(六堡鄕)에서 생산되어 광시 육보차(六堡茶)라 불리며, 긴압차 보다는 산차로 많이 유통된다

⑤ 윈난(雲南) 보이차(普洱茶)

흑차 중에서 우리나라에 가장 많이 알려진 차이며, 칠자병차(七子餠茶), 타차(沱茶), 긴차(緊茶), 금과차(金瓜茶) 등이 있다.

7. 차의 6대 분류와 제다 과정

녹 차 (綠茶)	황 차 (黃茶)	청 차 (靑茶)		백 차 (白茶)	홍 차 (紅茶)	흑 차 (黑茶)
채엽(採葉)	채엽	채엽	채엽	채엽	채엽	채엽
탄방(攤放)	탄방					탄방
		위조(萎凋)	위조	위조	위조	
		정치(靜置)	정치			
		요청(搖靑)	요청			
살청(殺靑)	살청	살청	살청			살청
유념(揉捻)	유념	유념	유념		유념	유념
	민황(悶黃)		포유(包揉)		전색(轉色)	
			단유(團揉)			
			해괴(解塊)			
건조(乾燥)	건조	건조 ↑ 조형청차	건조 ↑ 반구형 또는 환형청차	건조	건조	건조 악퇴(渥堆) 건조(乾燥) ↑ 흑차 중 보이숙차 제다법

중국 茶계의 일반적인 차 분류

1. **불발효차 녹차**   초청녹차   미차 (초청, 특진, 진미, 수미, 공희 등)

                                      주차 (주차, 우차, 수미 등)

                                      세눈초청 (용정, 대방, 벽라춘, 우화차, 송침 등)

                  홍청녹차   보통홍청 (민홍청, 절홍청, 휘홍청, 소홍청 등)

                  세눈홍청 (황산모봉, 태형후괴, 화정운무 등)

                  쇄청녹차 (전청, 천청, 섬청 등)

                  증청녹차 (전차, 옥로차 등)

2. **전발효차 홍차**   소종홍차 (정산소종, 연소종 등)

                  공부홍차 (전홍, 기홍, 천홍, 민홍 등)

                  홍쇄차 (엽차, 쇄차, 편차, 말차)

3. **반발효차 청차**   민북오룡 (무이암차, 기종, 대홍포, 육계 등)

                  민남오룡 (철관음, 색종, 수선, 황금계 등)

                  광동오룡 (봉황수선 등)

                  대만오룡 (포종, 동정오룡 등)

4. **미발효차 백차**   백아차 (은침 등)

                  백엽차 (백모단, 공미 등)

5. **후발효차 황차**   황아차 (군산은침, 몽정황아 등)

                  황소차 (북항모첨, 규산모첨, 평양황탕 등)

                  황대차 (곽산황대차, 광동대엽청 등)

6. **후발효차 흑차**   호남흑차 (안화흑차 등)

                  호북노청차 (포은노청차 등)

                  사천변차 (남로변차, 서로변차 등)

                  전계흑차 (보이차, 육보차 등)

1. 不发酵的 绿茶　　炒青绿茶　眉茶 (炒青, 特珍, 珍眉, 秀眉, 贡熙等)

　　　　　　　　　　　　　　珠茶 (珠茶, 雨茶, 秀眉等)

　　　　　　　　　　　　　　细嫩炒青 (龙井, 大方, 碧螺春, 雨花茶, 松针等)

　　　　　　　　烘青绿茶　普通烘青 (闽烘青, 浙烘青, 徽烘青, 苏烘青等)

　　　　　　　　　　　　　　细嫩烘青 (黄山毛峰, 太平猴魁, 华顶云雾等)

　　　　　　　　晒青绿茶 (滇青, 川青, 陕青等)

　　　　　　　　蒸青绿茶 (煎茶, 玉露茶等)

2. 全发酵的 红茶　　小种红茶 (正山小钟, 烟小种等)

　　　　　　　　工夫红茶 (滇红, 祁红, 川红, 闽红等)

　　　　　　　　红碎茶 (叶茶, 碎茶, 片茶, 末茶)

3. 半发酵的 乌龙茶　闽北乌龙 (武夷岩茶, 奇种, 大红袍, 肉桂等)

　　　　　(青茶)　　闽南乌龙 (铁观音, 色种, 水仙, 黄金桂等)

　　　　　　　　广东乌龙 (凤凰水仙等)

　　　　　　　　台湾乌龙 (包种, 冻顶乌龙等)

4. 微发酵的 白茶　　白芽茶 (银针等)

　　　　　　　　白叶茶 (白牡丹, 贡眉等)

5. 后发酵的 黄茶　　黄芽茶 (君山银针, 蒙顶黄芽等)

　　　　　　　　黄小茶 (北港毛尖, 沩山毛尖, 平阳黄汤等)

　　　　　　　　黄大茶 (霍山黄大茶, 广东大叶青等)

6. 后发酵的 黑茶　　湖南黑茶 (安华黑茶等)

　　　　　　　　湖北老青茶 (蒲圻老青茶等)

　　　　　　　　四川边茶 (南路边茶, 西路边茶等)

　　　　　　　　滇桂黑茶 (普洱茶, 六堡茶等)[22]

22) 楊賢强, 『茶多酚化學』, 上海科學技術出版社, 2003.12. P83

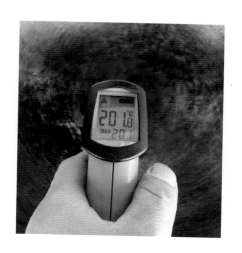

Epilogue..

중국에서 제다 공부를 시작한지 5년이 되었던 2003년.

중국어가 별 무리 없을 정도가 되었고, 특히 보이차와 청차의 제다를 제법 이해했다고 생각했다. 그래서 차의 분류에 관한 책을 적어야겠다는 바람과 몇몇 익히지 못한 차들에 대한 목마름으로 다시 중국을 찾았다.

2003년은 세계인을 공포에 떨게 했던 중국의 사스가 있었다. 그때 그 사실을 모른 채 사스 발생 인근 지역을 다니며, 아주 열심히 중국차에 대해 익혀갔다. 그리고 답사의 정리가 거의 되어갈 때쯤 사스의 심각성을 알았다. 돌이켜 보면 그때 그 열정이 아직도 여전한데 10년의 세월은 훌쩍 흘렀고 능력의 부족으로 정리되지 못한 자료는 컴퓨터의 어느 구석에 웅크린, 알라딘 램프에 갇힌 지니처럼 세상과 소통할 날을 기다리고 있었다.

그 기다림은 어떤 색이었을까? 그 기다림은 어떤 향기였을까?

차와 인연하고 강산이 몇 번이나 바뀌었다.

고등학생이었던 1983년, 무척이나 더웠던 어느 여름날, 부산의 동래향

교에서 하얀 도포와 갓을 쓴 몇 분의 어른들이 통도사 서운암을 방문한 적이 있다. 어릴 때부터, 방학이면 늘 그곳에서 지내며 스님의 다동(茶童)을 했던 나는, 출타 중인 스님을 대신해 그 어른들께 차 대접을 했다.

까까머리 소년이 내어드린, 차 대접을 받은 어른들의 칭찬이 아직도 생생하다. 얼마나 좋았든지 잊혀지지 않는 그날이 차인으로서의 삶에 시작이지 않았나 생각한다. 그 후 차는 나를 지탱해 주는 든든한 버팀목이었으며, 다정한 친구였다.

경기도 이천에서 운전병이었던 군 시절, 모셨던 장군께서 우리나라 최고의 요장(窯場) 중 한 곳인, 광주요(廣州窯)의 할머니와 육사 생도 시절부터 많은 인연이 있었고, 광주요가 있는 지역의 장군으로 부임을 했기 때문에 광주요의 할머니께서 무척이나 기뻐하셨던 일이 떠오른다.

아들과 동갑이었던 나를 무척 예뻐해 주셨던 장군께서 광주요를 비롯해 우리나라 도자기의 중심지인 이천의 해강 할아버지와 지순택 선생의 요장 등, 유명 요장을 방문했을 때, 언제나 나를 옆자리에 앉혀 도자기에 대한 설명을 듣게 했다. 그 덕에 도자기에 대한 안목이 생긴 행운의 군대시절이었다고 생각한다. 장작 가마의 열기를 좋아했던 나는 군대 제대 후, 시간이 날 때는 언제나 경남 진례의 토광요(土光窯)에서 배종태 선생께 전통도예에 관해 많은 것을 배웠지만 도공의 길은 가지 못했고, 제다를 익히러 중국으로 향했다. 이처럼 차와의 인연은 내게 숙명이었다.

1999년 처음 중국에 갔을 때, 한마디의 중국어도 하지 못했었고 중국차 산지의 정보라고는 들고 갔던 일본서적 중국차입문이 전부였다. 물어물어 힘겹게 유명 차산지를 찾았다. 그러던 사이 중국어는 조금씩 익숙해졌고,

차의 따뜻한 성품을 닮은 중국 차농들 덕에 제다를 익힐 수 있었다. 돌이켜 생각해 보면 '어떻게 그렇게 무모하게 다녔을까?' 라는 생각이 들지만, 그 시절 그 열정이 나에게는 선재동자와 함께 한 만행(萬行)이었다.

2003년, 답사 여행을 다녀온 후, 부산 동래에 다실을 개원해 그 당시 너무도 생소했던, 제다와 차의 분류, 그리고 차의 품평에 관한 강의를 시작했다. 지금도 그렇지만 위 내용의 전문인이 우리나라에는 거의 없다보니, 강의를 듣는 분 대부분이 차 문화를 지도하는 차회의 선생들이었지만, 깊이 있게 공부를 하고자 하는 분이 없는 안타까움이 있었다. 어떤 이유에서 제다와 품평부분의 전문인이 배출되지 않는 것일까?

얼마 전 한국 차 학회에서 활동하는 대구 K대학의 노(老)교수를 뵌 적이 있다. 그 분의 말씀 중에, "우리나라는 차 산업이 좀 뒤쳐져 있지만 풍부한 차 문화를 가지고 있다." 는 얘기를 하셨는데 산업이 뒷받침되지 않는데, 문화가 과연 풍부할 수 있을까? 분위기가 아니라서 반문을 하지 않았지만, 차를 사랑하는 분들은 다시 한 번 생각해 보아야 할 부분이라 생각한다. 혹 우리나라의 차 문화가 '행다례(行茶禮)' 라고 하는 부분에 집중되어 있는 탓은 아닐까?

요즘 커피문화는 열풍을 넘어 광풍이다. 유행은 돌고 돈다지만, 커피문화는 이제 유행이 아니라 생활 속 깊숙이 자리를 잡았다. 이런 현상을 보면 우리나라의 차 문화는 어떻게 이해하고 설명해야 할까? 다도(茶道)를 배우는 일이 유행이었으며 잠시 주춤한 상황이라면 유행은 다시 돌아온다. 하지만 그 때가 되어 다양한 차와 그에 대한 이해가 부족하다면 우리는 지금과 같은 기형적인 차 문화를 다시 접해야 하지 않을까?

우리나라의 차 문화가 생활 속에 스며들게 하려면, 우선 제다 방법에 따른 차 분류의 개념은, 일관성이 있어야 한다고 본다. 왜냐하면 커피문화가 급속히 보급된 과정을 들여다보며, '바리스타 교육'이 배우는 지역에 관계없이 커피의 분류와 종류의 개념이 일관성이 있다는 것을 보았기 때문이다. 우리 차계에서도 각 차회의 고유한 특징인 행다례(行茶禮)와 형이상학적 부분을 제외한 차의 개념(제다, 분류, 품평)은 일관성이 있어야 한다고 생각한다. 차 학계의 학문적 뒷받침과 차 단체를 이끌어가는 선생들께서 차 문화의 발전을 위해 화합하는 큰마음을 낸다면, 가능한 일이지 않을까?

또한 차 문화에서 보면 행다례가 무척 중요하기 때문에 차에 관심이 있는 분들은 꼭 익혔으면 하는 바람이지만, '이 차는 어떻게 우려야 할까?'라는 커피의 바리스타 교육과 같이, 다양한 방법으로 간단히 우려낼 수 있는 기능적 교육이 반드시 있어야 한다.

많은 사람들이, 차는 우려마시기 번거롭다고 이야기 한다. 왜 그럴까? 혹 복잡한 행다례를 먼저 접한 선입견에서 그렇게 생각하는 것은 아닐까? 그와는 달리, 커피에서 보면 핸드드립으로 추출하는 커피를 즐기는 분들이 많은데 과연 핸드드립 커피의 추출이 차를 우리는 것 보다 간단할까? 나의 경우에는, 몇 가지의 도구만으로도 차를 우리는 것이 훨씬 간단하다고 본다.

또한 차의 전문가가 양성되어야 한다. 몇몇 차 교육 기관에서 차의 분류를 비롯해 차의 품평을 강의하는 곳이 있는 것으로 알고 있다. 이제는 학문적 기반을 탄탄히 다져서 다양한 차를 다룰 수 있는 '티 마스터'를 배출해야 한다.

요즘 차계에는 홍차가 유행이다. 신선한 바람으로 느껴지지만, 수천 가지나 된다는 홍차의 세계를 안내하는 티 마스터들이 차계가 배출한 인재가 아니라 새로운 영역을 구축한 분들이라는 사실을 보면, 우리나라의 차계가 너무 안일하지 않았나 하는 생각이 든다.

2006년, 중국에서 익힌 제다 기술을 바탕으로 화개골의 수연제다를 설계했고, 중국에서 장비를 들여와 크지 않은 공간이지만 6대 분류의 모든 차를 생산할 수 있는 설비를 갖추었다. 가바차(GABA TEA)를 비롯해 우리나라에서는 최초로 출시되었던 긴압차인 수연전차(磚茶)와 문향차라는 이름의 청차, 그리고 무심차라는 이름으로 금산의 홍삼을 가미한 기능성 차를, 우리나라의 찻잎으로 만들었다. 그리고 수연제다 사장님의 배려 덕분에 문을 활짝 열어 놓았었다. 누구라도 와서 배울 것이 있으면 나누겠다고 했지만, 중국차를 만들었다는 주위의 곱지 않은 시선을 피할 수 없었다.

강의 중에 이런 질문을 한다. "한국녹차, 중국녹차, 일본녹차가 있다면 이것을 어떻게 구분할 수 있을까요?" 혹자들은 다양한 방법을 이야기 한다. 그렇다면 이 녹차들이 만약 '증청녹차인 옥로차라면 구분이 가능 할까요? 우리나라의 녹차가 너무나도 일률적으로 생산을 해서 그렇지 만약 중국처럼 다양한 제다 방법으로 녹차를 만든다면, 산지별로의 분류는 그 의미가 떨어진다고 본다.

그래서 이런 생각을 한다. 우리나라 메모리 반도체가 선진국을 따라간 것이 아니라 뛰어넘어 갔다는 것을 보며 우리가 장구한 역사 속에 차를 마셔오면서 탄탄한 차 문화가 다져져 있는 중국차나 일본차를 따라 간다는 것은 너무나 힘겹다고 본다. 하지만 영국인들이 중국에서 홍차를 들여와 그들의 독특한 차 문화를 만든 것처럼 우리도 새로운 생각과 발상의 전환이 있다면, 그들을 넘어설 수 있지 않나 하는 생각이다. 그런 이유에서 우리나라의 찻잎으로 가바차(GABA TEA)를 만들었고, 가향을 첨가한 타이완의 인삼오룡과는 달리 홍차에 금산의 홍삼을 직접 첨가한 기능성 차를 만들었던 이유다.

서문에 밝혔듯이 이 책은 답사 과정을 알리려는 목적이 아니라 중국에서 익힌 제다를 통해, 차의 이해와 분류에 관한 이해를 돕기 위한 책이다. 조금 더 재미있게 구성하지 못한 아쉬움이 있지만 아마도 '제다 방법에 따른 차의 분류를 이해하는 데 조금의 도움은 되지 않았을까?' 라는 생각을 한다.

지난 몇달간 이 책이, 차를 사랑하는 분들께 도움이 되었으면 하는 바람에 많은 밤을 지새웠다. 글쓰기에 익숙하지 않은 탓에 무척이나 힘든 작업이었지만, 글을 적는 내내 "차 만드는 사람은 차를 만들 때 가장 행복하다."라고 했던, 백차 차창의 장 사장을 떠올리며, 차를 만드는 마음으로 한자 한자 적었다.

서툰 표현에 매끄럽지 못한 글을 마지막까지 읽어주신 독자 여러분께 먼저 머리 숙여 감사드린다. 그리고 이 책이 독자 여러분과 함께 할 수 있도록 도움을 주신 금타사 금륜스님, 통도사 선다회 장진희님, 한울타리독서회 장정희님, 격려를 아끼지 않으신 봉산다실의 회원분들과 茶 공부 열심히 하는 사랑하는 딸 보현과 다빈에게도 감사를 드린다.

2003년 답사를 다녀온 후 계속해서 중국을 방문했다. 그들의 차 만들기에는 큰 변화가 없었고 윈난의 양 선생님은 이제 은퇴를 하셨다. 안시의 왕꺼는 할아버지가 되었고 홍웨이차창은 중견차창으로 성장했다. 그리고 간민의 아들은 대학을 졸업하고 어엿한 사회인이 되었다.

스승이었던 그들, 중국의 차농들께 다시 한 번 감사의 인사를 드린다.

참고문헌

• 思茅市政协编, 《普洱茶源》, -昆明: 云南人民出版社, 2005.3.
• 蒋文中编著, 《中华普洱茶文化百科》, -昆明: 云南科技出版社, 2006.3.
• 刘汉介, 《中国茶艺》, -台北: 晓群出版社, 中华民国八十六年六月修订版.
• 张文良, 《中国茶道》, -台北: 畅文出版社, 一九九九年十二月二版六刷.
• 陈彬藩、余悦、关博文主编, 《中国茶文化经典》, -北京: 光明日报出版社, 1999.8
• 《中国云南普洱茶古茶山茶文化研究: 纪念孔明兴茶1780周年暨中国云南普洱茶古茶山国际学术研讨会论文集》纪念孔明兴茶1780周年暨中国云南普洱茶古茶山国际学术研讨会组委会编, -昆明: 云南科技出版社, 2005.3
• 杨亚军主编, 《中国茶树栽培学》, -上海: 上海科学技术出版社, 2005.1
• 朱世英、王镇恒、詹罗九主编, 《中国茶文化大辞典》, -上海: 汉语大词典出版社, 2002.4
• 王镇恒、王广智主编, 《中国名茶志》, -北京: 中国农业出版社, 2000.9
• 施海根主编, 《中国名茶图谱: 乌龙茶、黑茶及紧压茶、花茶、特种茶卷》, -上海: 上海文化出版社, 2007.
• 施海根主编, 《中国名茶图谱: 绿茶、红茶、黄茶、白茶卷》, -上海: 上海文化出版社, 2007.
• 施海根主编, 《中国名茶图谱: 绿茶篇》, -上海: 上海文化出版社 1995.5 (2000.4重印)
• 陈宗懋主编, 《中国茶经》, -上海: 上海文化出版社出版、发行, 1992年5月第1版, 1998年10月第10次印刷 (精)
• 陈宗懋主编, 《中国茶叶大辞典》, -北京: 中国轻工业出版社, 2000.12
• 石昆牧著, 《经典普洱名词释义》, -昆明: 云南科技出版社, 2006.8
• 杨贤强主编, 《茶多酚化学》, -上海: 上海科学技术出版社, 2003.12
• 《云南省下关茶厂志》, 云南省下关茶厂, 2001.2
• 菊地和男, 『中國茶入門』, 講談社 1998.
• 坂田完三, 『微生物発酵茶 中國黑茶のすべて』, 株式會社 芸書房, 2004.6.
• 中林敏郎, 『綠茶紅茶烏龍茶の化學と機能』, 弘益出版社, 1992.

의

티 스케치

1쇄 발행 2015년 12월 10일
2쇄 발행 2016년 9월 5일

지은이 박기봉

펴낸이 주영배

펴낸곳 무량수

주 소   부산광역시 해운대구 센텀북대로 60,
        센텀IS타워 1009호 (재송동)

전 화 051) 255-5675

팩 스 051) 255-5676

홈페이지 www.무량수.com
이메일 boan21@korea.com

ISBN 978-89-91341-46-3

정가 20,000원